人人都是小创客系列丛书

人人都是机械工程师
——3D 打印从入门到精通

王　姬　主编

科学出版社

北　京

内 容 简 介

目前，我国的很多中小学校将 3D 打印作为创客教育的重要内容，但面向中小学生使用的 3D 打印教材寥寥无几，本书填补了此类书籍的空白，让读者在学习中体验 3D 打印的乐趣。按照课时编排，本书共分 20 课，第 1 课～10 课综述 3D 打印技术，图文并茂地介绍 3D 打印技术的发展、应用、3D 扫描仪的原理和 3D 打印机的使用操作等内容；第 11 课～20 课通过具体的案例，选取在中小学校应用比较广且容易上手的 SketchUp Pro 2017 和 CAXA 3D 实体设计 2016 两款三维建模软件，手把手地教读者设计有趣的玩具模型并进行打印。

本书既可作为中小学校创新设计、职业培训、劳动技术和通用技术课程的实训教材，也可作为各类企、事业教育培训机构的 3D 打印技术推广应用培训教材。

图书在版编目（CIP）数据

人人都是机械工程师：3D 打印从入门到精通/王姬主编. —北京：科学出版社，2017

（人人都是小创客系列丛书）

ISBN 978-7-03-052426-3

Ⅰ. ①人… Ⅱ. ①王… Ⅲ. ①立体印刷-印刷术 Ⅳ.①TS853

中国版本图书馆 CIP 数据核字（2017）第 068522 号

责任编辑：张云鹏 杨 昕 / 责任校对：刘玉靖
责任印制：吕春珉 / 封面设计：东方人华平面设计部

科学出版社 出版
北京东黄城根北街 16 号
邮政编码：100717
http://www.sciencep.com

铭浩彩色印装有限公司印刷
科学出版社发行 各地新华书店经销

*

2017 年 9 月第 一 版 开本：787×1092 1/16
2017 年 9 月第一次印刷 印张：10 1/2
字数：249 000
定价：36.00 元
（如有印装质量问题，我社负责调换〈骏杰〉）
销售部电话 010-62136230 编辑部电话 010-62195896-1010

本书编写人员

主　编　王　姬

参　编　俞　挺　周劭吉　吴晓庆　翟建强　戚剑瑾　方意琦

　　　　李建一　阮军锋　左贤忠　金　培　潘　悦　王　芳

　　　　王　姣　胡　静

前言

preface

3D 打印技术是一种新型的快速成型技术，是"第三次工业革命最具标志性的生产工具"，将给许多行业和领域带来深刻的变革。自 2015 年 8 月，李克强总理主持召开国务院"讨论加快发展先进制造与 3D 打印等问题"专题讲座以来，我国 3D 打印产业呈现蓬勃发展之势。3D 打印是《中国制造 2025》规划中重点发展的高新产业之一。目前，3D 打印技术在我国中小学校开展创客教育时发挥了重要作用，为中小学生的学习方法带来了新的变革。

本书在编写中强调读者的自主学习，注重培养读者的创新能力和实践能力，具体表现在如下几方面。

1. 在编写理念上，打破了传统的理论—实践—再理论的认知规律，代之以实践—理论—再实践的新认知规律，突出"做中学、学后再做"的新教育理念。

2. 在编写体例上，打破传统的章节编写，按照课时编排，全书共设计了 20 课，后 10 课的内容包括新手训练和习题演练。

3. 在知识讲解上，根据认知特点，对设计流程讲解的全部过程逐一配有屏幕图形，最大限度地简化文字叙述，读者可参照内容讲解边学习边操作，力求在最短的时间内掌握三维建模的设计方法和 3D 打印的操作技能。

4. 在项目选取上，所有设计项目取材于实际生活，手机、杯子、小飞机和小房子等设计项目都经过打印验证，可以让读者有亲切感，不易产生畏难情绪，循序渐进，从入门到精通，玩转 3D 打印。

本书所有案例的源文件、结果文件、图片文件等资源，可前往科学出版社职教出版中心网站：www.abook.cn，搜索图书资源进行下载。

本书由浙江省特级教师王姬任主编，俞挺、周劭吉、吴晓庆、翟建强、戚剑瑾、方意琦、李建一、阮军锋、左贤忠、金培、潘悦、王芳、王姣、胡静参与了编写。感谢宁波江北开源三维科技有限公司总经理陈飞云女士为本书提供了大量素材。

由于编者水平有限，书中难免有不足之处，敬请广大读者批评指正。

编　者

目 录

contents

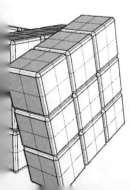

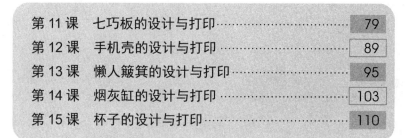
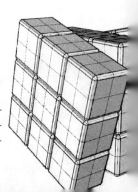

第1课 什么是 3D 打印

在电影《十二生肖》中，人们感受了 3D 打印的神奇。影片中加入的有关 3D 打印的科学元素，只用了 3min 就让人们明白了什么是 3D 打印，如图 1-1 所示。

图 1-1　电影《十二生肖》中用 3D 打印技术制作兽首

1. 什么是 3D 打印？

3D 打印（3D Printing）技术，即快速成形技术，是一种以数字模型文件为基础，运用粉末状金属或塑料等可黏合材料，通过逐层打印的方式来构造物体的技术。3D 打印机与传统打印机的最大区别在于它使用的"墨水"是实实在在的原材料，堆叠薄层的形式有多种，可用于打印的介质从塑料到金属、陶瓷及橡胶类物质，种类繁多。有些打印机还能结合不同介质，令打印出来的物体一头坚硬而另一头柔软。

3D 打印是增材制造技术。美国材料与试验协会（ASTM）F42 增材制造技术委员会对增材制造和 3D 打印给予了明确的定义。增材制造是依据三维计算机辅助设计（CAD）数据将材料连接制作物体的过程，相对于减材制造，它通常是逐层累加的过程。3D 打印也常用来表示增材制造技术。在特指设备时，3D 打印是指采用打印头、喷嘴或其他打印技术，通过沉积材料的方法来制造物体的过程，其设备的特点是价格相对较低，或者功能相对简单。

早期的 3D 打印技术常在模具制造、工业设计等领域被用于制造模型，现逐渐用于一些产品的直接制造，特别是一些特殊物品，如人体的髋关节或牙齿、钟表与飞机零部件等。

3D 打印技术已被应用到国内一些博物馆的文物保护工作中，通过三维扫描技术获得复制文物的三维模型，使用 3D 打印机打印复制品，再在复制品上翻模复制，便于文物的外出展览使用，如图 1-2、图 1-3 所示。

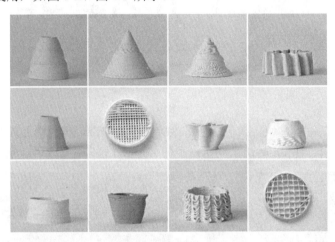

图 1-2　3D 打印的陶器

图 1-3　重庆市大足石刻景区千手观音主尊修复工程引入 3D 打印技术

2. 3D 打印机是怎么工作的？

3D 打印的工作过程主要分为三个阶段。第一阶段为三维建模，通过计算机建模软件建模，如果有现成的模型也可以，如动物模型、人物或微缩建筑等；第二阶段为 3D 打印，将第一阶段完成的三维建模文件转换成 3D 打印适用格式，通过 SD 卡、U 盘或网络把它拷贝或传输到 3D 打印机中，进行打印设置后，打印机就可以把它们打印出来了；第三阶段为后期处理，对 3D 打印制造出来的三维实体模型进行去除支撑、打磨、修补、强化、抛光或电镀等各工艺环节的处理。

3D 打印机的工作原理是：先将每一层的打印过程分为两步，在需要成型的区域喷洒一层特殊胶水，胶水液滴本身很小，且不易扩散；再均匀喷洒一层粉末，粉末遇到胶水会迅速固化黏结，而没有胶水的区域仍保持松散状态，这样在一层胶水一层粉末的交替重叠作用下，实体模型被"打印"成型；打印完毕后只要扫除松散的粉末即可，剩余粉末还可循环利用。

3D 打印机的耗材由传统的墨水、纸张转变为胶水、粉末，这些胶水和粉末是经过处理的特殊材料，不仅对固化反应速度有要求，对模型强度及"打印"分辨率还有直接影响。3D 打印技术能够实现 600dpi 分辨率，每层厚度只有 0.01mm，即使模型表面有文字或图片也能够清晰打印，而且可以利用有色胶水实现彩色打印。

3D 打印机的打印精度高，打印出的模型品质非常好。如果用来打印机械装配图，齿轮、轴承、拉杆等零件都可以正常活动，而腔体、沟槽等形态特征位置准确，甚至可以满足装配要求，打印出的实体还可通过打磨、钻孔、电镀等方式进一步加工。同时，粉末材料不限于砂型材料，还有弹性伸缩、高性能复合、熔模铸造等其他材料可供选择。

3. 3D 打印的优势有哪些？

3D 打印技术的魅力在于它不需要在工厂操作，无需机械加工或任何模具，就能直接从计算机图形数据中生成各种形状的零件，从而极大地缩短产品的研制周期，提高生产率和降低生产成本。与传统技术相比，3D 打印技术还拥有如下优势：通过摒弃生产线而降低成本；大幅减少材料浪费；打印出传统生产技术无法制造的外形，如飞机机翼等，如图 1-4 所示；另外，在具有良好设计概念和设计过程的情况下，还可以简化生产制造过程，快速有效又廉价地生产单个物品。

图 1-4　3D 打印飞机机翼

4. 3D 打印能干什么？

3D 打印带来了世界性制造业革命。以前，部件设计完全依赖于生产工艺能否实现，而 3D 打印的出现，将会颠覆这一生产思路，使得企业在生产部件的时候不再考虑生产工艺问题，任何复杂形状的设计均可以通过 3D 打印机来实现。在固体物件，或者创造一个物体的外形方面，3D 打印技术的使用范围无限广大，人们可以想象任何产品结构并当即进行打印，将其变成实物。未来的玩具更具个性化，人们可以根据自己的喜好来设计，自己是玩具的制造者，遍布在周边的各类设计公司，随时可以实现不同需求。3D 打印技术将广泛地应用于工业设计、建筑和工程设计、汽车、航空航天、医疗、教育、地理信息系统、土木工程及其他领域，如图 1-5～图 1-16 所示。

图 1-5　阿迪达斯公司推出的 3D 打印概念鞋

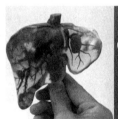 

图 1-6　3D 打印血管

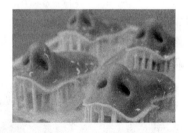

图 1-7　3D 打印鼻子

图 1-8　3D 打印服装

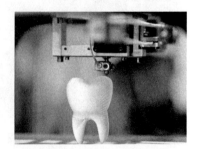

图 1-9　3D 打印烤瓷牙

图 1-10　3D 打印涡轮螺旋桨发动机

图 1-11　福特公司推出的 3D 打印概念车

图 1-12　3D 打印个性乐器

图 1-13　3D 打印实现立体照相

图 1-14　3D 打印金属手枪

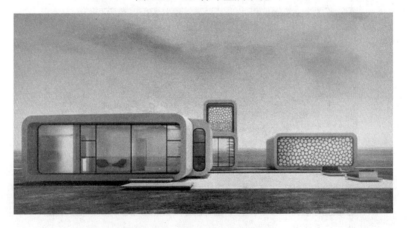

图 1-15　3D 打印立体博物馆

图 1-16 3D 打印 Google 街景三维模型

第 2 课
你知道 3D 打印的前世今生吗

如果从历史的角度回顾 3D 打印的发展历程，则最早可以追溯到 19 世纪末。由于受到两次工业革命的刺激，18 至 19 世纪欧美国家的商品经济得到了飞速的发展，产品生产技术的革新是一个永恒的话题，为了满足科研探索和产品设计的需求，快速成型技术从这一时期开始萌芽，如 Willeme 光刻实验室在这个阶段开展了商业探索，可惜受到技术限制，没能获得很大的成功。

快速成型技术在商业上获得真正意义的发展是从 20 世纪 80 年代末开始的。在此期间也涌现过几波 3D 打印的技术浪潮，但总体上看 3D 打印技术仍保持着稳健的发展步伐。2007 年开源的桌面级 3D 打印设备发布，此后新一轮的 3D 打印浪潮开始酝酿。2012 年 4 月，英国著名的经济学杂志"The Economist"刊登的一篇关于第三次工业革命的封面文章，全面掀起了新一轮的 3D 打印浪潮。以下让我们按照时间的顺序来了解 3D 打印技术的前世今生。

1892 年，Blanther 首次在公开场合提出使用层叠成型方法制作地形图的构想。

1940 年，Perera 提出了可以沿等高线轮廓切割硬纸板然后层叠成型制作三维地形图的方法。

1972 年，Matsubara 在纸板层叠技术的基础上首先提出可以尝试使用光固化材料，适用于制作传统工艺难以加工的曲面。

1977 年，Swainson 提出可以通过激光选择性照射光敏聚合物的方法直接制造立体模型。

1979 年，日本东京大学的 Nakagawa 教授开始使用薄膜技术制作实用的工具，如落料模、注塑模和成型模。

1981 年，Hideo Kodama 首次提出了一套功能感光聚合物快速成型系统的设计方案。

1982 年，美国科学家 Charles W. Hull 试图将光学技术应用于快速成型领域。

1986 年，Charles W. Hull 成立了 3D Systems 公司，研发了著名的 STL 文件格式。STL 格式逐渐成为 CAD/CAM 系统接口文件格式的工业标准。美国 Helisys 公司的 Michael Feygin 成功研发了分层实体成型（Laminated Object Manufacturing，LOM）技术，并推出了 LOM-1050 和 LOM-2030 两种型号的成型机。

1988 年，3D Systems 公司推出了世界上第一台基于光固化立体成型（Stereo Lithography Apparatus，SLA）技术的商用 3D 打印机 SLA-250，Charles 把它称为"立体平板印刷机"。尽管 SLA-250 身形巨大且价格昂贵，但它的面世标志着 3D 打印商业化的起步。

美国科学家 Scott Crump 发明了另一种 3D 打印技术，即熔融沉积成型（Fused Deposition Modeling，FDM）技术，并成立了 Stratasys 公司。

1989 年，美国德克萨斯大学奥斯汀分校的 C. R. Dechard 发明了选择性激光烧结成型（Selective Laser Sintering，SLS）技术，SLS 技术应用广泛并支持多种材料成型，如尼龙、蜡、陶瓷，甚至是金属。SLS 技术的发明让 3D 打印生产走向多元化。

1992 年，Stratasys 公司推出了第一台基于 FDM 技术的 3D 打印机——"3D 造型者"（3D Modeler），这标志着 FDM 技术步入了商用阶段。

1993 年，美国麻省理工学院的 Emanual Sachs 教授发明了立体喷印（Three-Dimensional Printing，3DP）技术，3DP 技术通过胶黏剂把金属、陶瓷等粉末黏合成型。

1995 年，美国 ZCorp 公司从麻省理工学院获得 3DP 技术的唯一授权并开始开发 3D 打印机。

1996 年，3D Systems、Stratasys、ZCorp 公司各自推出了新一代的快速成型设备 Actua 2100、Genisys 和 Z402，此后快速成型技术便有了更加通俗的称谓——3D 打印。

1999 年，3D Systems 推出了 SLA 7000 3D 打印机，市场售价 80 万美元。

2000 年，Stratasys 公司推出 Dimension 系列桌面级 3D 打印机（图 2-1）。Dimension 系列的价格相对低廉，主要基于 FDM 技术，以 ABS 塑料作为成型材料。

2005 年，ZCorp 公司推出世界上第一台高精度彩色 3D 打印机 Spectrum Z510，此后 3D 打印进入了彩色时代。

2007 年，3D 打印服务创业公司 Shapeways 正式成立。Shapeways 公司建立了一个规模庞大的 3D 打印设计在线交易平台，为用户提供个性化的 3D 打印服务，深化了社会化制造模式（Social Manufacturing）。

2008 年，第一款开源的桌面级 3D 打印机 RepRap 发布。RepRap 是英国巴恩大学 Adrian Bowyer 团队立项于 2005 年的开源 3D 打印机研究项目，得益于开源硬件的进步与欧美实验室团队的无私贡献，桌面级的开源 3D 打印机为新一轮的 3D 打印浪潮掀起了暗涌。

图 2-1　Dimension 系列桌面级 3D 打印机

2009 年，Bre Pettis 带领团队创立了著名的桌面级 3D 打印机公司——Makerbot。Makerbot 公司的设备主要基于早期的 RepRap 开源项目，但对 RepRap 的机械结构进行了重新设计，发展至今已经历几代的升级，在成型精度、打印尺寸等指标上都有长足的进步。Makerbot 公司承接了 RepRap 项目的开源精神，其早期产品同样是以开源的方式发布，在互联网上能非常方便地找到 Makerbot 公司早期项目所有的工程材料。Makerbot 公司也出售设备的组装套件。

2010 年 11 月，美国 Jim Kor 团队打造出世界上第一辆由 3D 打印机打印而成的汽车 Urbee。

2011 年 6 月 6 日，美国 Shapewags 公司推出了全球第一款 3D 打印的比基尼，如图 2-2 所示。7 月，英国研究人员研制出世界上第一台 3D 巧克力打印机。8 月，南安普敦大学的工程师们制造出世界上第一架 3D 打印的飞机，如图 2-3 所示。

2012 年，英国著名的经济学杂志 "The Economist" 刊登了一篇关于第三次工业革命的封面文章，全面掀起了新一轮的 3D 打印浪潮，如图 2-4 所示。11 月，苏格兰科学家利用人体细胞首次用 3D 打印机打印出人造肝脏组织，如图 2-5 所示。同年 9 月，3D 打印的两个领先企业，美国的 Stratasys 和以色列的 Objet 宣布合并，交易额为 14 亿美元，合并后的公司名仍为 Stratasys。此项合并进一步确立了 Stratasys 在高速发展的 3D 打印及数字制造业中的领导地位。10 月，来自麻省理工学院媒体实验室（Media Lab）的团队成立 Formlabs 公司，并发布了世界上第一台廉价的高精度 SLA 消费级桌面 3D 打印机 Form1，如图 2-6 所示，从而引起了业界的重视。此后在著名众筹网站 Kickstarter 上发布的 3D 打印项目呈现百花齐放的盛况。

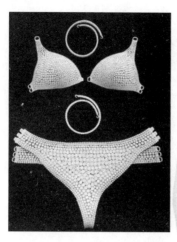

图 2-2 全球第一款 3D 打印的比基尼

图 2-3 世界上第一架 3D 打印的飞机模型

图 2-4 "The Economist"杂志

图 2-5 3D 打印的人造肝脏组织

图 2-6 高精度 SLA 消费级桌面 3D 打印机 Form1

同期，国内由亚洲制造业协会联合华中科技大学、北京航空航天大学、清华大学等科研机构和 3D 行业领先企业共同发起的中国 3D 打印技术产业联盟正式宣告成立。

2013 年，《环球科学》即《科学美国人》（"Scientific American"）的中文版，邀请科学家，经过数轮讨论评选出了 2012 年最值得铭记、对人类社会影响最为深远的十大新闻，其中"三维打印步入实用阶段"位列第九。

2014 年，3D 打印在各个领域都有亮眼的表现。美国海军试验了利用 3D 打印等先进制造技术快速制造的舰艇零件；美国航空航天局（NASA）利用 3D 打印技术制造了整台成像望远镜；Local Motors 公司制造了首台 3D 打印汽车并成功上路；Pi-Top 更是成为了全球首款 3D 打印的笔记本电脑；通用电气公司使用 3D 打印技术改进了喷气发动机的效率；美国三维系统公司的 3D 打印机能打印糖果和乐器，如图 2-7、图 2-8 所示；维克森林大学的艾塔拉博士成功打印了人体植入物；Organovo 公司在竭尽全力地进行用于医学研究和治疗用途的功能性人体组织 3D 打印研究，如图 2-9 所示；Craig Venter 团队和 Cambrian Genomics 公司甚至打印出了 DNA，一次能打印一个碱基对，如图 2-10 所示。3D 打印技术被《时代》周刊选为 2014 年 25 项年度最佳发明之一。

2015 年，受德国"工业 4.0"等制造大国的挑战，"中国制造 2025"强势崛起，3D 打印"临危受命"，担负起推动中国智能制造的重任。国内 3D 打印技术也逐步实现了从概念到应用的完美蜕变，多项技术跻身世界前列。在 3D 打印技术的帮助下，上海交通大学张何朋教授带领的团队，打印出一个非常小而且具有通用性的微观泵，借助能动菌开发了一种功能性的替代装置，如图 2-11 所示；中国航天科技集团公司 211 厂采用激光选区熔化成型技术，完成了国内首个钛合金叶轮的生产制造；蓝光英诺公司发布全球首创 3D 生物血管打印机，以干细胞为核心的 3D 生物打印技术体系已经完备，器官再造在未来成为可能；由重庆大学牵头的"3D 打印关键技术与装备研制"项目所研发的打印设备有望成为"巨无霸"3D 打印机，将打印出全球最大的单体零部件；清华大学化学系刘冬生课题组与英国瓦特大学科研人员合作，将 DNA 水凝胶材料成功地应用于活细胞的 3D 打印，而该凝胶材料可以根据需要迅速分解不残留，为将来 3D 打印器官的活体移植创造了条件，如图 2-12 所示。

2016 年， 中国科学院福建物质结构研究所 3D 打印工程技术研发中心林文雄课题组，在国内首次攻破了可连续打印的 3D 打印快速成型关键技术，并开发了一款超级快速的连续打印的数字投影（DLP）3D 打印机。据了解，该 3D 打印机的速度达到了创纪录的 600mm/h，可以在短短 6min 内，从树脂槽中"拉"出一个高度为 60mm 的三维物体，而同样物体采用传统的光固化立体成型工艺（SLA）来打印则需要约 10h，速度提高了 100 倍，如图 2-13 所示。

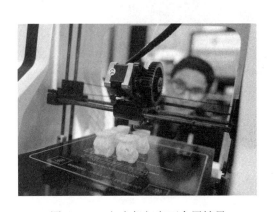

图 2-7　3D 打印机打印可食用糖果

图 2-8　3D 打印机打印的乐器

图 2-9　3D 打印的人体组织

图 2-10　用 3D 打印技术打印 DNA

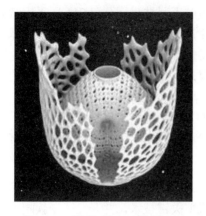

图 2-11 利用细菌驱动的微观泵

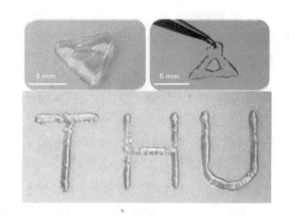

图 2-12 DNA 水凝胶材料成功地应用于活细胞的 3D 打印

图 2-13 数字投影（DLP）3D 打印机

瑞士联邦工学院在 3D 打印领域颇为活跃，他们同样也是业绩赫赫：通过生物聚合物和软骨细胞打造了一只耳朵和鼻子的生物打印，如图 2-14 所示；通过在 3D 打印的基础上加上合成物的局部控制的组合物（第四维度）和颗粒方向（第五维度）的材料设计实现 5D 打印；可制造更高性能触摸屏的 3D 打印金银纳米墙技术。专注于纳米打印的 CytoSurge 公司的创始人 Dr. Michael Gabi 和 Dr. Pascal Behr 来自瑞士联邦工学院，他们拥有的核心技术是已取得专利的 FluidFM 技术。FluidFM 是一种重塑微管技术，FluidFM 移液器微管有比人类头发的直径还要小 500 倍的孔径。CytoSurge 公司与瑞士联邦工学院的联合使得 FluidFM 技术与 3D 打印几乎深度结合，瑞士联邦工学院通过整合 FluidFM Probes 到打印机上，使这项技术不仅可以实现如金、银、铜等金属的纳米级打印，还可以打印细胞和复合材料，如图 2-15 所示。

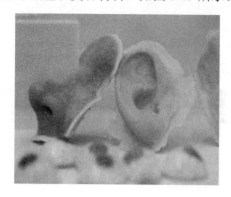

图 2-14　耳朵和鼻子的生物打印

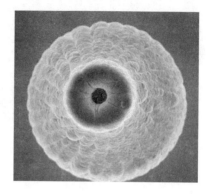

图 2-15　纳米级金属 3D 打印技术

　　3D 打印正以它的魅力逐渐融入人们的生活，并以它的独特优势逐渐改变这个世界，又因它的无所不能让人类的"异想天开"变得"实实在在"，又因它的快速高效让"驾车旅游"不再孤单，还因它的巨大魔力让建立"月球家园"不再是一个梦想，这就是 3D 打印。未来，3D 打印将朝着速度更快、精度更高、性能更优、质量更可靠的方向发展，成为一股强大的科技力量。

第3课
3D 打印主流技术有哪些

3D 打印技术综合了材料、机械、控制及软件等多学科知识，属于一种多学科交叉的先进制造技术。美国材料与试验协会（ASTM）F42 增材制造技术委员会按照材料堆积方式，将 3D 打印技术分为如表 3-1 所示的七大类。每种工艺技术都有特定的应用范围，大多数工艺普遍应用于模型制造，部分工艺可用于高性能塑料、金属零部件的直接制造及受损部位的修复。

表 3-1　3D 打印工艺类型及特点

工艺方法	材料	用途
容器内光固化	光敏聚合物	模型制造、零部件直接制造
材料喷射	聚合物	模型制造、零部件直接制造
黏结剂喷射	聚合物、砂、陶瓷、金属	模型制造
材料挤压成型	聚合物	模型制造、零部件直接制造
粉末床烧结/熔化	聚合物、砂、陶瓷、金属	模型制造、零部件直接制造
片层压成型	纸、金属、陶瓷	模型制造、零部件直接制造
定向能量沉积	金属	修复、零部件直接制造

根据采用的材料形式和工艺实现方法的不同，目前广泛应用且较为成熟的典型 3D 打印技术可总结为如下五大类。

（1）粉末/丝状材料高能束烧结或熔化成型，如选择性激光烧结成型（SLS）、选择性激光熔融成型（SLM）、激光近净成型（LENS）、电子束熔化（EBM）等。

（2）丝材挤出热熔成型，如熔融沉积成型（FDM）等。

（3）液态树脂光固化成型，如光固化成型（SLA）等。

（4）液体喷印成型，如立体喷印（3DP）等。

（5）片/板/块材黏结或焊接成型，如分层实体成型（LOM）等。

下面简单介绍五种典型的 3D 打印技术。

1. 熔融沉积成型（FDM）工艺

1）FDM 工艺的基本原理

熔融沉积成型技术是 20 世纪 80 年代 Scott Crump 发明的。在获得该项技术的专利后，他于 1989 年创立了 Stratasys 公司，并把 FDM 注册为商标。其他厂商将其改称为熔融制造（FFF）、塑料喷印（PJP）、熔丝建模（FFM）等。FDM 技术适用于医学、大地测量、考古等基于数字成像技术的三维实体建模制造。

FDM 工艺的原理是将丝状的热塑性材料通过热喷头加热熔化，喷头底部带有微细喷嘴，材料以一定的压力挤喷出来，同时喷头沿水平方向移动，挤出的材料与前一层面熔结在一起，如图 3-1 所示。一个层面沉积完成后，工作台垂直下降一个层的厚度，再继续熔融沉积，直至完成整个造型，如图 3-2 所示。

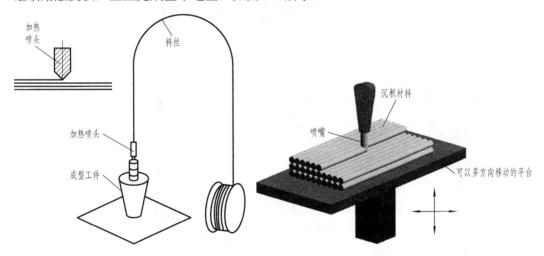

图 3-1　FDM 工艺原理图　　　　　图 3-2　FDM 工艺的成型过程

2）FDM 工艺的优缺点

FDM 工艺的优点如下所述。

（1）操作环境干净、安全，可在办公室环境下进行，没有产生毒气和化学污染的危险。

（2）无需激光器等贵重元器件，工艺简单、干净，不产生垃圾。

（3）原材料以卷轴丝的形式提供，易于搬运和快速更换。

（4）材料利用率高，且可选用多种材料，如可染色的 ABS、PLA、PC、PPSF 等。

（5）由于 ABS 材料具有较好的化学稳定性，可通过伽马射线消毒，特别适合医用。

FDM 工艺的缺点如下所述。

（1）成型后表面粗糙，需配合后续抛光处理，不适合高精度要求的应用，最高精度只能达到 0.1mm。

（2）尺寸不能很大，因为材料本身限制，尺寸大了容易变形。

（3）打印速度较慢，因为它的喷头是机械的。

（4）有些产品需要做支撑，浪费材料，如图 3-3 所示。

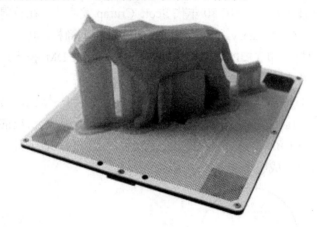

图 3-3　需要支撑的产品

3）基于 FDM 工艺的 3D 打印材料

基于 FDM 工艺的 3D 打印对成型材料的要求如下。

（1）熔融温度低，黏度低，黏结性好。材料的黏度低，流动性就好，阻力就小，有助于材料顺利挤出。若材料的流动性差，需要很大的送丝压力才能挤出，会增加喷头的起停响应时间，从而影响成型精度。

（2）收缩率小，收缩率会直接影响最终成型产品的质量。

根据上述要求，目前用来制作成型丝材的主要有石蜡、塑料、尼龙等低熔点材料和低熔点金属、陶瓷等。市场上普遍可以购买到的线材包括 ABS、PLA、PC、人造橡胶、竺蜡和聚酯热塑性塑料等，其中 ABS 和 PLA 最为常用。

2. 立体喷印（3DP）工艺

1）3DP 工艺的基本原理

立体喷印技术是美国麻省理工学院 Emanual Sachs 等人研制的。立体喷印工艺是一种利用微滴喷射技术的增材制造方法，工作原理类似于打印机，如图 3-4 所示。喷头在计算机的控制下，按照当前分层截面的信息，在事先铺好的一层粉末材料上，有选择地喷射黏结剂，使部分粉末黏结，形成一层截面薄层；一层打印完成后，将已打印的粉末平面下降一定高度并在上面铺上一层粉末，准备下一截面图的打印。如此循环，逐层黏结堆积，直到整个 CAD 模型的所有截面图全部打印完成，经过加热处理，除去未黏结的粉末，就形成了实体三维模型。

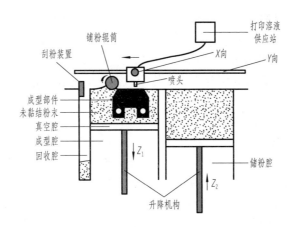

图 3-4 立体喷印工艺（3DP）原理

3DP 技术主要的应用领域是原型验证。设计师仅用若干小时就可以制作一个样件、模型或者整个产品样件，用途广泛，主要适用于功能测试、形状和大小验证、快速原型制作、设计传达、快速制模等。

2）3DP 工艺的优缺点

3DP 工艺的优点如下所述。

（1）高质量：引领市场的 16μm 超薄层厚确保获得平滑、精确、高细节的零部件和模型。

（2）高精度：精确喷射的成型件具有高细节展现，在几何结构中薄壁的厚度最低可做到 0.2～0.5mm，由具体的几何结构而定。

（3）清洁：适合办公室环境，在装载/卸载时不接触树脂，支撑材料易清除，便于更换喷头。

（4）快速：加工速度快，由于在整个宽度上可进行高速的栅条状喷射，故可以同时喷射多个模型，没有或者有很少的后期固化处理。

（5）彩色：可以实现彩色样件打印。

3DP 工艺的缺点如下所述。

（1）成本高：目前该技术的设备、材料及维护费用均较高。

（2）打印速度慢：与 SLA 等技术相比，以打印体积进行比较，速度较慢。

（3）材料利用率相对较低：为避免堵头问题出现，打印零件时必须打印辅助件，造成了一定浪费。

3）基于 3DP 工艺的 3D 打印材料

目前，基于 3DP 工艺可以使用的打印耗材是光敏树脂，根据功能不同可以分为实体和支撑材料两种。以 Objet 设备为例，树脂有满足多种场合需求的类型，如以下几种材料。

（1）透明材料，用于细节复杂的透明塑料部件的贴合与成型测试。

（2）橡胶类材料，适用于多种要求防滑或柔软表面的应用。

（3）刚性不透明材料系列，包括白色、灰色、蓝色和黑色等多种颜色。

（4）聚丙烯类材料，用于卡扣配合应用。

（5）数字 ABS、模拟 ABS 级的工程塑料。

（6）高温材料，用于高级功能测试、热空气和水流测试、静态应用和展览模型。

3. 选择性激光烧结成型（SLS）工艺

1）SLS 工艺的基本原理

选择性激光烧结成型技术，最早是由美国德克萨斯大学奥斯汀分校的 C. R. Dechard 于 1989 年在其硕士论文中提出的，随后他创立了 DTM 公司，并于 1992 年发布了基于 SLS 技术的工业级商用 3D 打印机 Sinterstation。

SLS 工艺使用的是粉末状材料，激光器在计算机的操控下对粉末进行扫描照射而实现材料的烧结黏合，就这样材料层层堆积成型。由于该类成型方法有着制造工艺简单、柔性度高、材料选择范围广、材料价格便宜、成本低、材料利用率高、成型速度快等特点，而被主要应用于铸造业，并且可以用来直接制作快速模具。

如图3-5所示为SLS工艺原理：先采用压辊将一层粉末平铺到已成型工件的上表面，数控系统操控激光束按照该层截面轮廓在粉层上进行扫描照射使粉末的温度升至熔化点，从而进行烧结，并于下面已成型的部分实现黏合。当一层截面烧结完后工作台将下降一个层厚，这时压辊又会均匀地在上面铺上一层粉末并开始新一层截面的烧结，如此反复操作直至工件完全成型。当工件完全成型并完全冷却后，工作台将上升至原来的高度，此时需要把工件取出，用刷子或压缩空气把模型表层的粉末去掉。

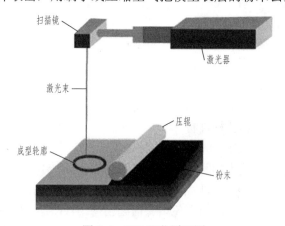

图 3-5　SLS 工艺原理图

2）SLS 工艺的优缺点

SLS 工艺支持多种材料，成型工件无需支撑结构，而且材料利用率较高。尽管这样，SLS 设备的价格和材料价格仍然十分昂贵，烧结前材料需要预热，烧结过程中材料会挥发出异味，设备工作环境要求相对苛刻。

3）基于 SLS 工艺的 3D 打印材料

在成型的过程中，未经烧结的粉末对模型的空腔和悬臂起着支撑的作用，因此 SLS 成型的工件不需要像 SLA 成型的工件那样需要支撑结构。SLS 工艺使用的材料与 SLA 相比相对丰富些，主要有石蜡、聚碳酸酯、尼龙、纤细尼龙、合成尼龙、陶瓷，甚至还可以是金属。

4. 光固化立体成型（SLA）工艺

1）SLA 工艺的基本原理

光固化立体成型是最早实用化的快速成型技术，采用液态光敏树脂原料，工艺原理如图 3-6 所示。其工艺过程是：首先，通过 CAD 设计三维实体模型，利用离散程序将模型进行切片处理，设计扫描路径，产生的数据将精确控制激光扫描器和升降台的运动；其次，激光光束通过数控装置控制的扫描器，按设计的扫描路径照射到液态光敏树脂表面，使表面特定区域内的一层树脂固化，当一层加工完毕后，就生成零件的一个截面；然后，升降台下降一定距离，固化层上覆盖另一层液态树脂，再进行第二层扫描，第二固化层牢固地黏结在前一固化层上，这样一层层叠加而成三维工件原型；最后，将原型从树脂中取出进行最终固化，再经打光、电镀、喷漆或着色处理即得到要求的产品。

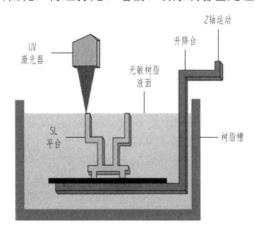

图 3-6　SLA 工艺原理图

2）SLA 工艺的优缺点

SLA 工艺的优点如下所述。

（1）光固化立体成型是最早出现的快速原型制造工艺，成熟度高，经过了时间的检验。

（2）由 CAD 数字模型直接制成原型，加工速度快，产品生产周期短，无需切削工具与模具。

（3）可以加工结构外形复杂或者使用传统手段难于成型的原型和模具。

（4）使 CAD 数字模型直观化，降低错误修复的成本。

（5）为实验提供试样，可以对计算机仿真计算的结果进行验证与校核。

（6）可联机操作，可远程控制，利于生产的自动化。

SLA 工艺的缺点如下所述。

（1）SLA 系统造价高昂，使用和维护成本过高。

（2）SLA 系统是对液体进行操作的精密设备，对工作环境要求苛刻。

（3）成型件多为树脂类，强度、刚度、耐热性有限，不利于长时间保存。

（4）预处理软件与驱动软件运算量大，与加工效果关联性太高。

（5）软件系统操作复杂，入门困难，使用的文件格式不为广大设计人员熟悉。

3）基于 SLA 工艺的 3D 打印材料

SLA 工艺目前可以使用的打印耗材为光敏树脂。SLA 工艺主要用于制造各种模具、模型等，还可以在原料中通过加入其他成分，用 SLA 原型模代替熔模精密铸造中的蜡模。SLA 工艺成型速度较快，精度较高，但由于树脂固化过程中产生收缩，不可避免地会产生应力或引起形变，因此开发收缩小、固化快、强度高的光敏材料是发展趋势。

5. 分层实体成型（LOM）工艺

1）LOM 工艺的基本原理

分层实体制造快速成型技术是薄片材料叠加工艺。由于分层实体制造在制作中多适用纸材，成本低，而且制造出来的木质原型具有外在的美感和一些特殊的品质，因此该技术在产品概念设计可视化、造型设计评估、装配检验、熔模铸造型芯、砂型铸造木模、快速制模母模及直接制模等方面得到广泛的应用。

LOM 的工艺原理（图 3-7）是根据三维 CAD 模型每个截面的轮廓线，在计算机控制下，发出控制激光切割系统的指令，使切割头作 X 和 Y 方向的移动；供料机构将地面涂有热熔胶的纸材（如涂覆纸、涂覆陶瓷箔、金属箔、塑料箔材）一段段地送至工作台的上方；激光切割系统按照计算机提取的横截面轮廓用二氧化碳激光束对纸材沿轮廓线将工作台上的纸割出轮廓线，并将纸的无轮廓区切割成小碎片；由热压机构将一层层纸压紧并黏合在一起；可升降工作台支撑正在成型的工件，并在每层成型之后，降低一个纸厚，以便送进、黏合和切割新的一层纸；最后形成由许多小废料块包围的三维原型零件，取出后，将多余的废料小块剔除，最终获得三维产品。

2）LOM 工艺的优缺点

LOM 工艺的优点如下所述。

（1）由于只要使激光束沿着物体的轮廓进行切割，不用扫描整个断面，因此成型速度很快，常用于加工内部结构简单的大型零件，制作成本低。

（2）不需要设计和构建支撑结构。

（3）原型精度高，翘曲变形小。

（4）原型能承受 200℃的高温，有较高的硬度和较好的力学性能。

（5）可以切削加工。

（6）废料容易从主体剥离，不需要后固化处理。

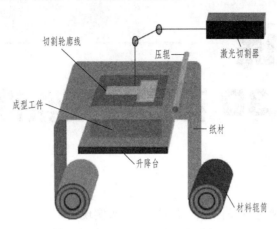

图 3-7　LOM 工艺原理图

LOM 工艺的缺点如下所述。

（1）有激光损耗，并且需要建造专门的实验室，维护费用昂贵。

（2）可以应用的原材料种类较少，尽管可选用若干原材料，但目前常用的还是纸材，其他还在研发中。

（3）打印出来的模型必须立即进行防潮处理，纸质零件很容易吸湿变形，成型后必须用树脂、防潮漆涂覆。

（4）很难构建形状精细、多曲面的零件，仅限于结构简单的零件。

（5）制作时，加工室温度过高，容易引发火灾，需要专人看守。

3）基于 LOM 工艺的 3D 打印材料

基于 LOM 工艺的 3D 打印所用材料一般由薄片材料和热熔胶两部分组成。根据所需要构建的模型的性能要求，确定选用不同的薄片材料。薄片材料分为纸片材、金属片材、陶瓷片材、塑料薄膜和复合材料片材，其中纸片材应用最多。另外，构建的模型对基体薄片材料的性能有要求，如抗湿性好、浸润性好、抗拉强度好、收缩率小、剥离性能好。用于 LOM 纸基的热熔胶按照基体树脂划分为乙烯-醋酸乙烯酯共聚物型热熔胶、聚酯类热熔胶、尼龙类热熔胶或者其他的混合物。目前，EVA 型热熔胶应用最广。热熔胶主要有以下性能：良好的热熔冷固性能（室温下固化）；在反复"熔融-固化"条件下其物理化学性能稳定；熔融状态下与薄片材料相比有较好的涂挂性和涂匀性；足够的黏结强度；良好的废料分离性能。

第4课
3D 打印建模软件排行榜

3D 打印用户主要通过操作三维 CAD 软件来实现 3D 建模。三维 CAD 软件的种类繁多，其应用对象、对计算机软硬件配置要求、软件操作复杂度、输入/输出的数据格式、软件使用成本等各不相同，不同行业背景的用户需要根据自己的目标和条件有选择地应用三维 CAD 软件。下面就为大家盘点一下常用的 15 款 3D 建模软件。

1. TinkerCAD

TinkerCAD 是 3D 软件公司 Autodesk 的一款免费建模工具，非常适合初学者使用。本质上说，这是一款基于浏览器的在线应用程序，能让用户轻松创建三维模型，并可以实现在线保存和共享，如图 4-1 所示。

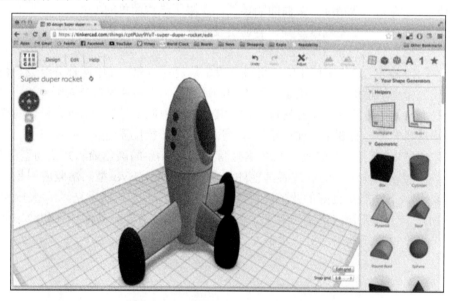

图 4-1　TinkerCAD 软件操作界面

2．3DSlash

3DSlash 建模软件是 2014 年发布的，旨在将 3D 建模概念在所有年龄层的用户中推广，包括孩子。这款软件能够适用的浏览器包括 Windows、Mac、Linux 和树莓派，如图 4-2 所示。

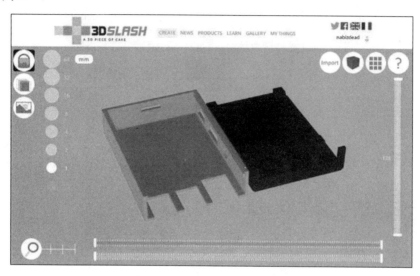

图 4-2　3DSlash 软件操作界面

3．123D Design

123D Design 是 Autodesk 公司的另一款免费建模应用软件，比 TinkerCAD 的功能更强一些，但是仍然简单易用，还能编辑已有的 3D 模型，如图 4-3 所示。

图 4-3　123D Design 软件操作界面

4．SketchUp

Google 公司的 SketchUp 3D 建模软件比较适合中级 3D 设计师使用，是比较高级的 3D 建模软件，如图 4-4 所示。它以一个简单的界面集成了大量功能插件和工具，用户可以轻松绘制线条和几何形状。初学者同样可以学着使用这款技术含量相对较高的 3D 建模软件，直接在计算机上进行十分直观的构思。

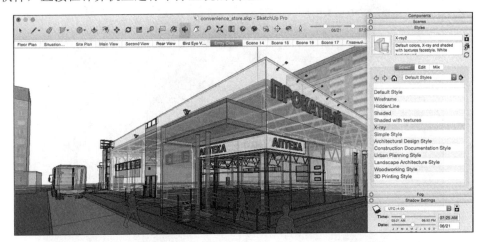

图 4-4　SketchUp 软件操作界面

5．Sculptris

Sculptris 是个小巧强大、所见即所得的 3D 建模软件。这款软件比较适合初学者到中级 3D 设计师之间的过渡期间使用。它是 Pixologic 公司推出的一款专业数字雕刻软件，非常适合具有有机形状和纹理物体的 3D 建模，如图 4-5 所示。

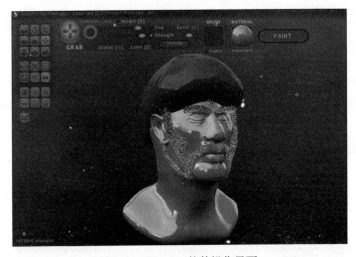

图 4-5　Sculptris 软件操作界面

6. Meshmixer

Meshmixer 由 Autodesk 公司开发，同样适合初学者到中级 3D 设计师之间的过渡期间使用。这款 3D 建模软件允许用户预览、提炼和修改已有的 3D 模型，以纠正和改良不足之处，同时也可以创建新的 3D 模型，如图 4-6 所示。

图 4-6　Meshmixer 软件操作界面

7. Blender

Blender 是一款开源的 3D 建模软件，也可以说是一款 3D 数字雕刻工具，适用于专业级 3D 设计师。这款软件极大地提高了设计自由度，用于制作复杂且逼真的视频游戏、动画电影等，如图 4-7 所示。

8. FreeCAD

FreeCAD 是一款开源的参数化 3D 建模工具，适合中级向高级 3D 设计师过渡期间使用。参数化建模工具是工程师和设计师的理想选择，通过复杂的计算机算法来快速、高效地编辑 3D 模型，如图 4-8 所示。

9. OpenSCAD

OpenSCAD 是一款非可视化 3D 建模工具，是程序员的理想选择。它通过"读写"编程语言中的脚本文件生成 3D 模型。本质上说，OpenSCAD 也是一款参数化建模工具，能够通过参数设置精确控制 3D 模型的属性，如图 4-9 所示。

图 4-7 Blender 软件操作界面

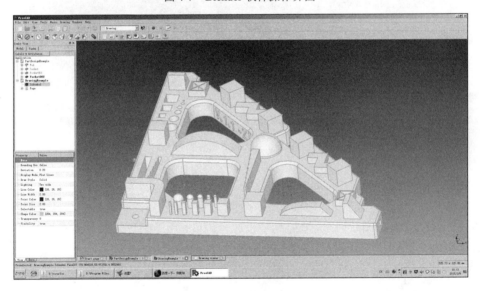

图 4-8 FreeCAD 软件操作界面

10. CAXA 实体设计

CAXA 实体设计是集创新设计、工程设计、协同设计于一体的新一代三维 CAD 系统解决方案，是比较优秀的国产三维建模软件，易学易用、快速设计和兼容协同是其最大的特点。它包含三维建模、协同工作和分析仿真等多种功能，其无可匹敌的易操作性和设计速度帮助工程师将更多的精力用于产品设计本身，而不是软件使用的技巧，如图 4-10 所示。

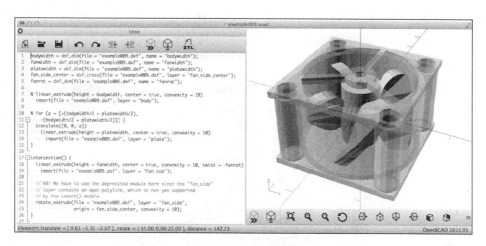

图 4-9　OpenSCAD 软件操作界面

图 4-10　CAXA 实体设计软件操作界面

11．Inventor

Inventor 是 Autodesk 公司推出的一款三维可视化实体建模软件。它支持设计人员在三维设计环境中重复使用其现有的 DWG 资源，是一套全面的设计工具，用于创建和验证完整的数字样机，帮助制造商减少物理样机投入，以更快的速度将更多的创新产品推向市场，如图 4-11 所示。

12．中望 3D

中望 3D 是中望公司拥有全球自主知识产权的高性价比的高端三维计算机辅助设计/

计算机辅助制造（CAD/CAM）一体化软件产品，提供从入门级的模型设计到全面的一体化解决方案。该软件拥有独特的 Overdrive 混合建模内核，支持 A 级曲面，支持 2～5 轴 CAM 加工，如图 4-12 所示。

图 4-11　Inventor 软件操作界面

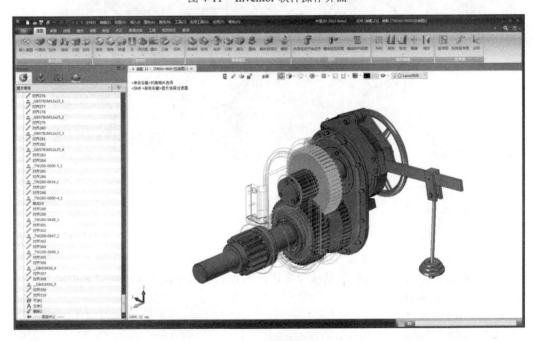

图 4-12　中望 3D 软件操作界面

13．SolidWorks

SolidWorks 软件是世界上第一个基于 Windows 开发的三维 CAD 系统，具有功能强大、易学易用和技术创新三大特点，能够提供不同的设计方案，减少设计过程中的错误，提高产品质量，如图 4-13 所示。

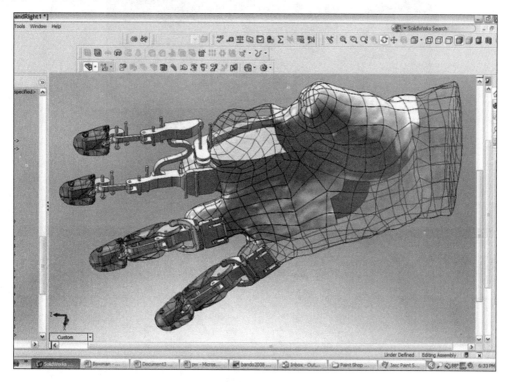

图 4-13　SolidWorks 软件操作界面

14．Pro/Engineer

Pro/Engineer 操作软件是美国参数技术公司（PTC）旗下的计算机辅助设计/计算机辅助制造/计算机辅助工程（CAD/CAM/CAE）一体化的三维软件。Pro/Engineer 软件以参数化著称，是参数化技术的最早应用者，在目前的三维造型软件领域中占有重要地位，如图 4-14 所示。

15．Unigraphics NX

UG（Unigraphics NX）是 Siemens PLM Software 公司出品的一个产品工程解决方案，是一个交互式 CAD/CAM 系统，它功能强大，可以轻松实现各种复杂实体及造型的构建，如图 4-15 所示。

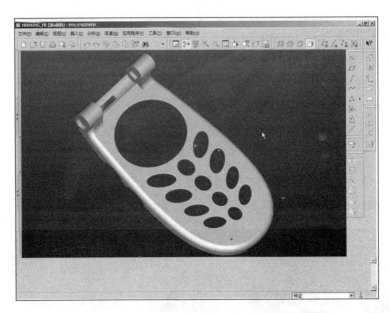

图 4-14　Pro/Engineer 软件操作界面

图 4-15　Unigraphics NX 软件操作界面

第 5 课
怎么进行 3D 打印的后期处理

随着 3D 打印技术的广泛应用，越来越多的单位或个人开始使用 3D 打印机打印自己设计的模型。3D 打印有许多不同的成型方式，目前比较常用的有熔融沉积成型（FDM）技术、光固化成型（SLA）技术、选择性激光烧结成型（SLS）技术、选择性激光熔融成型（SLM）技术。不管哪一种成型技术，其打印的过程基本相同，如图 5-1 所示。

3D CAD 文件	STL 文件	对STL分层	打印
· 3D CAD 软件 · 设计师设计	· 3D CAD 软件 · 另存为STL格式	· 由软件自动分层	· 3D 打印机 · 层层堆积

图 5-1　3D 打印过程

虽然 3D 打印有很多优势，如缩短产品研发周期，降低研发成本，可以发挥无限创意和自由度（复杂、轻量化设计及验证），提高设计的保密性，小批量生产，个性化定制等，但要使模型像传统的制造技术制造出具有光滑抛光表面的零部件，后期处理非常重要。

后期处理是对 3D 打印制造出来的三维实体模型进行去除支撑、打磨、修补、强化、抛光或电镀等各工艺环节的作业过程。由于在 3D 打印过程中，材料的收缩、喷头和机器内部的温度控制、分层厚度、打印速度、成型时间、开关机延时等会影响打印的精度和效果，而且在进行打印的时候经常需要使用支撑来辅助打印模型，支撑材料在去除后又会在模型上留下明显的印记，因此需要对打印出来的模型进行后期处理。3D 打印后期处理的基本步骤如图 5-2 所示。

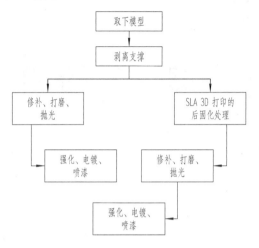

图 5-2　3D 打印后期处理的基本步骤

3D 打印后期处理的步骤基本相同，但对于不同材料、不同成型方式打印出来的模型，后处理的技术手段略有不同。

1. 熔融沉积成型（FDM）技术的模型后处理

熔融沉积成型（FDM）技术是通过加热将塑料丝一层一层打印堆积模型。应用这种技术打印的模型表面会有逐层堆积的纹路，不够光滑，在进行 3D 打印之前须通过设计或调整模型摆放来尽量避免支撑结构影响模型的效果。但有些模型的 3D 打印避免不了需要使用支撑结构来保证模型的正常打印，让模型更加完整，这些支撑结构不仅会影响模型的美观，还会妨碍模型的使用，因此需要对模型进行去除支撑、打磨等后期处理。经过后期处理的三维实体模型的表面会更加光滑、更加坚固、更加符合设计的要求。

在进行 3D 打印之前，除了对模型做必要的设计和切片处理外，还要对模型成型方向进行选择，选择最优角度进行打印。3D 打印的图形摆放有以下特点：

（1）有一个自支撑角度，这意味着满足特定几何结构的模型不需要使用支撑材料。

（2）默认的自支撑角度范围为 40°～45°。

（3）支撑材料与模型材料同时被熔融挤压，支撑材料在打印过程中用于支撑倒斜面或悬垂模型，如图 5-3 所示。

一般来说，桌面级 3D 打印机的支撑结构和模型结构采用相同材料制作，模型的表面比较粗糙，后期处理难度相对来说比较大，如图 5-4 所示。目前也有基于 FDM 技术的工业级 3D 打印机，该设备采用不同的材料打印模型结构和支撑结构，如图 5-5 所示。

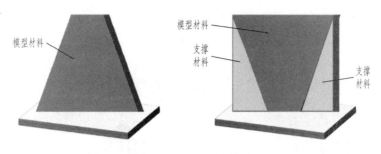

图 5-3　FDM 支撑材料

图 5-4　FDM 桌面机制成的模型

图 5-5　FDM 工业机制成的模型

应用 FDM 技术制成的模型的后处理方法如下所述。

（1）准备如图 5-6 所示的工具，包括剪钳、铲刀、手持式电动打磨机、金属雕刻刀、镊子、锉刀、砂纸等。

图 5-6　准备工具

图 5-6（续）

（2）从打印机底板上取下模型，手动剥离支撑。

（3）用金属雕刻刀去除模型上的飞边。

（4）用电动打磨机和砂纸打磨模型表面。

（5）修补模型的缺陷部位。

（6）对模型进行喷漆，完成整个后处理工艺。

上述后处理的过程如图 5-7 所示。

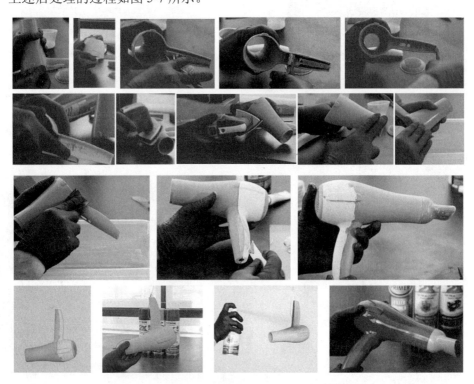

图 5-7　应用 FDM 技术制成的模型的后处理过程

5

模型结构与支撑结构使用不同材料的模型后处理方法与上述方法基本相同，相比之下更加方便、快捷。

（1）剥离式支撑材料：支撑材料通过手工剥离去除。

（2）可溶性支撑材料：使用支撑材料自动去除容器、支撑材料在碱性溶液中溶解、冲洗排水、打磨与抛光方法剥离。

2. 光固化成型（SLA）技术的模型后处理

光固化成型（SLA）技术采用激光将光敏树脂液体固化成三维实体模型，这种技术打印出来的实体模型表面比较光滑，后期处理相对来说比较简单。这种技术分为两类，一类是支撑材料和模型材料采用相同材料制作模型，另一类的支撑材料使用水溶性材料，模型材料则根据设计要求采用类似于 ABS 等耐高温、较高强度或者不同的肖氏硬度橡胶等材料。这种采用水溶性材料做支撑结构的打印技术可以省略许多后期处理的工作流程，节约工人的劳动时间。

应用 SLA 技术制作的模型的后处理过程包括清理、去除支撑、后固化和必要的打磨等工作，具体步骤如下：

（1）模型打印完成后，工作台升出液面，停留 5～10min，以沥干滞留在模型表面的树脂。

（2）将模型和工作台网板一起倾斜摆放，继续沥干包裹在模型内部多余的树脂，用铲刀将模型取下。

（3）将模型浸入酒精液体溶液中，小心地将模型清洗干净。

（4）模型清洗完成后，去除支撑结构，对模型进行打磨。

（5）再次清洗干净后，对模型进行二次固化。

（6）按照喷漆步骤逐个对模型进行喷漆。

3. 选择性激光烧结成型（SLS）技术的模型后处理

选择性激光烧结成型（SLS）技术的模型材料通常是非金属粉末材料，在打印过程中无需支撑结构，叠层过程中出现的悬空层面可直接由未烧结的粉末来实现支撑。但由于 SLS 工艺的原料是粉末状的，模型的制作是由材料粉层经加热熔化而实现逐层黏结的，因此模型表面的质量不高。应用这种技术成型的三维实体模型的后处理，只需用喷砂机将粉末吹掉便可。如果要使模型表面达到镜面光滑，则需要对模型进行喷漆或电镀等处理。

应用 SLS 技术制作的模型的后处理过程如图 5-8 所示。

（1）机器完成打印工作后，将工作包取出，移至清粉台清理，直至将模型完全从工作包的粉末中剥离。

（2）将所有初步清粉完毕的模型转移至喷砂机喷砂，如果有喷砂机喷不到的地方，则需在第一次喷砂完毕后用清粉工具细致清理，然后进行第二次喷砂，直至模型内外完全清理干净。

（3）在黏结剂方面，进口202胶水凝结后的耐高温性、强度与GF3400材料相差无几，只是耐磨性略差，涂上胶水的时候可以用速凝剂使其快速凝结。如果遇到缝隙比较大的情况，可以将胶水粘上牙粉，以填补缝隙，因为牙粉强度高于GF3400，效果最佳。

（4）打磨可以选用240目的砂纸先粗打磨，而后选用600目甚至更细的砂纸精打磨。在不严重影响壁厚的情况下，可以借助一些打磨工具。打磨过程需要沾水，效果会更好，用水打磨以后，可将模型放入干燥箱或烤箱，调至60℃，约1h即可烘干。

（5）可使用自喷漆或者更好的喷漆工具给工件喷漆。喷漆完毕后只需要在通风处放置1h即可安装，完成全部模型任务。

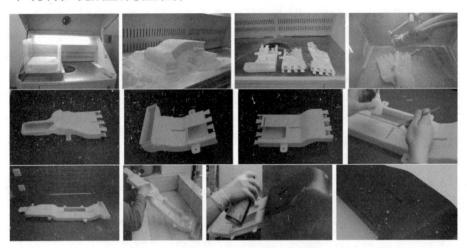

图5-8 SLS成型技术模型的后处理过程

4. 选择性激光熔融成型（SLM）技术的模型后处理

选择性激光熔融成型（SLM）技术是金属粉末材料在激光束的热作用下完全熔化、层层累积成型出三维实体的快速成型技术。这种技术使用的金属粉末受热成型冷却后会有收缩，而且金属材料密度较大，金属粉末不足以承受其烧结后的悬空结构而导致制作表面裂开，不能保持良好的制作平面，因此SLM成型技术必须要有支撑结构。这种技术的后期处理工序比较复杂，技术要求比较高，具体步骤如图5-9～图5-15所示。

（1）把产品从基板上取下。

（2）去掉支撑材料。

（3）手工打磨。

（4）光学测量（根据需要）。

（5）研磨抛光。

（6）对模型进行喷漆。

（7）完成模型。

图 5-9　把产品从基板上取下

图 5-10　支撑移除

图 5-11　手工打磨

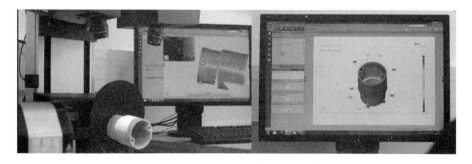

图 5-12　光学测量

5

图 5-13　研磨抛光

图 5-14　喷漆

图 5-15　完成模型

第6课 什么是 3D 扫描仪

随着信息通信技术和工业生产的迅速发展，人们在生活和工作中越来越多地需要对三维物体的形状进行快速准确的测量。计算机技术、光电子技术的不断发展，用于三维形状测量的一些技术也已日趋成熟，并且以其各自的优势广泛应用于机械、轻工、汽车、航空航天、家电、制鞋等各个领域的三维设计、逆向工程、工业检测等，它与 3D 打印技术相结合，可以快速地实现零件的三维复制。如果经过 CAD 系统修改参数重新建模，还可以实现零件的变异或复原。

三维测量技术根据测量方式的不同分为接触式测量和非接触式测量。接触式测量是比较传统的三维测量方法，典型的测量工具是三坐标测量仪，如图 6-1 所示，它用可以精确定位的测头接触物体表面，测得被接触点的空间坐标。测头在物体表面扫描一遍，可以得到物体表面各点的空间坐标。非接触式三维测量是集光、机、电和计算机技术于一体的智能化、可视化的高新技术，这种技术不需要与待测物体接触，可以远距离非破坏性地对待测物体进行测量，而且具有快速测量、精度高、受环境影响小、输出数据接口广泛、兼容性强等优点。非接触式测量的典型测量工具是三维扫描仪（又称 3D 扫描仪），代表产品有三维激光扫描仪（图 6-2）、手持式三维扫描仪（图 6-3）、拍照式三维扫描仪（又称光栅三维扫描仪，图 6-4）。拍照式三维扫描又有白光扫描或蓝光扫描等，激光扫描仪又有点激光、线激光、面激光的区别。

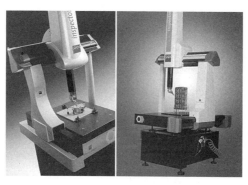

图 6-1　三坐标测量仪

图 6-2　三维激光扫描仪

图 6-3　手持式三维扫描仪

图 6-4　拍照式三维扫描仪

下面简单介绍拍照式双目三维扫描仪的主要构成。

拍照式双目三维扫描仪采用非接触扫描方式，是一种结合结构光技术、双目立体视觉技术、相位测量技术的复合三维非接触式测量仪。其中的关键技术包括系统的标定、图像点的匹配、三维坐标的计算等。在使用该系统测量时光栅投影装置投影特定编码的光栅条纹到待测物体上，成一定夹角的两个摄像头同步采集相应图像，然后通过计算机对图像进行解码和相位计算，并利用匹配技术、三角形测量原理，解算两个摄像机公共视区内像素点的三维坐标，通过三维扫描仪软件界面可以实时观测左右相机图像及生成的三维点云数据。该系统方框图如图 6-5 所示。

双目三维扫描仪包括投影系统、相机、支架、测量设备间的控制系统及计算机的显示系统等。其工作原理是采用两台安装在不同角度上的相机同时摄取图像，并结合相机标定技术，采用旋转工作台对被测物体进行多视角扫描和拼接，实现复杂物体三维造型的重构。双目三维扫描仪的结构如图 6-6 所示。

相机是组成三维扫描仪的重要部件之一，镜头参数直接影响采集的图片质量，因此需要对镜头进行正确的调整与设置。如图 6-7 所示为 Computar 镜头的结构及功能说明图。

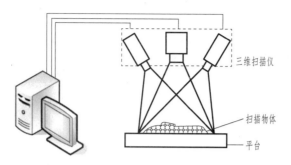

图6-5 拍照式双目三维扫描系统方框图

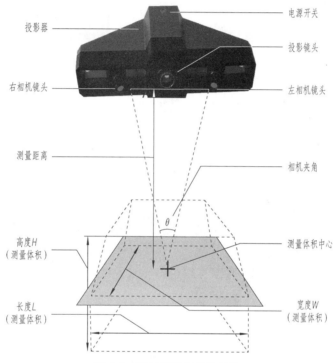

图6-6 双目三维扫描仪结构

图6-7 Computer镜头结构图

系统中配合使用三角架和云台来稳定三维扫描仪的位置。三角架主要用来稳定扫描仪并调整扫描仪高度，云台主要用来调整扫描仪的俯仰角度，如图 6-8 所示。

系统拍摄标定板在不同位置的图像，通过一系列计算来实现对系统的标定。一般根据扫描物体的大小，选择不同尺寸的标定板，如图 6-9 所示。

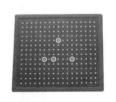

图 6-8　三脚架和云台　　　　　　　　图 6-9　标定板实物图

软件系统包括图像获取、图像处理、系统标定、光栅控制、相位求解、图像点匹配、点坐标计算、CAD 模型输出等。

通常所用的双目三维扫描仪的硬件连接如图 6-10 所示，具体需要根据不同的机器配置进行安装。将扫描仪系统与计算机连好，然后启动计算机，安装相机驱动程序和扫描软件。

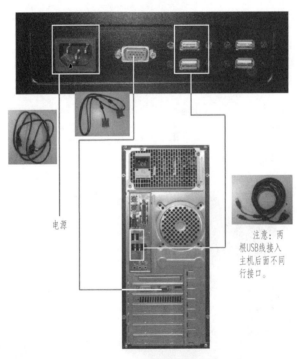

电源

注意：两根USB线接入主机后面不同行接口。

图 6-10　硬件连接图

第7课

3D 扫描仪是怎么工作的

我们以拍照式双目三维扫描仪为例来讲解 3D 扫描仪是怎么工作的。

1. 设置显示器

将扫描仪系统与计算机连好，然后启动计算机。三维扫描仪系统需要通过软件控制投射光栅，因此要设置双显示器。查看显示属性，打开如图 7-1 所示对话框。选择"设置"选项卡，图中可以看到两个监视器，将"2"的分辨率设置为 800×600。勾选"将 Windows 桌面扩展到该监视器上"复选框，并将 **2** 拖到 **1** 的右侧，与其保持相同高度。单击"高级"按钮，弹出图 7-2 所示监视器设置对话框，将"屏幕刷新频率"设置为"60 赫兹"，单击"确定"按钮，完成双显示器设置操作。如果在"显示 属性"对话框中的"设置"选项卡中，只有一个桌面，请检查信号线连接，确保其准确牢固，然后重启计算机即可。

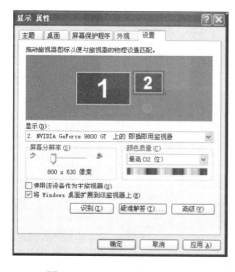

图 7-1 "显示属性"对话框

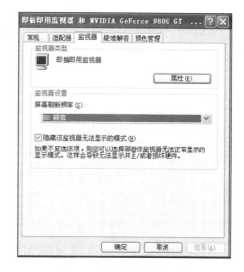

图 7-2 监视器设置对话框

2. 相机驱动安装

硬件接线完成后，打开计算机和三维扫描仪电源。放入安装光盘，在扫描软件根目录下可以找到相机驱动的压缩包。当两个相机的驱动程序安装成功后，相机可以正常工作。

3. 扫描软件安装

这里以 3DScan 三维扫描软件为例。该软件通常为绿色版本，不需要进行安装，通过双击桌面程序按钮 ⬥ 即可运行程序，或者进入扫描软件文件夹，双击扫描软件可执行文件，即可打开软件。

4. 扫描操作

扫描操作流程如图 7-3 所示。

1）建立工程

扫描前单击界面左上角"新建"按钮 🌀，新建一个工程，或者打开一个已有工程。工程文件会用来保存工程的配置数据，同时，拍摄得到的数据会保存在与工程文件同一个文件夹中。

2）系统标定

系统标定流程如图 7-4 所示。

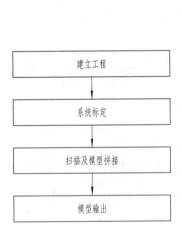

图 7-3　扫描操作流程　　　　　图 7-4　系统标定流程

步骤 1：调整三维扫描仪角度。
步骤 2：调整扫描仪水平和垂直角度。
步骤 3：调整测量距离。根据选择的扫描范围先粗略地调整扫描仪测量距离。
步骤 4：投影仪和相机设定。单击"设备标定"按钮 ▨ 进入标定状态，对投影仪和相机进行设定。单击"对准调整"按钮 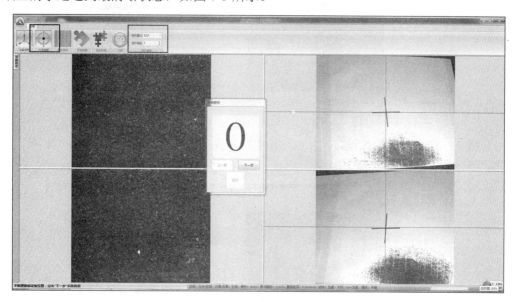，将一张带字的纸放在平台上，界面上会出现黑色十字亮线，轻微地调整扫描仪的高度使黑色亮线与界面本身所带的红色亮线纵向重合。取消对准调整的十字，将"相机曝光"选为 52.0，"相机增益"选为 7。调整光圈调节环，使左右相机的显示画面上都不出现或出现很少的红色区域。调节焦距调节环，使纸上的字迹达到最清晰状态，如图 7-5 所示。

图 7-5　设定投影仪和相机

步骤 5：第 1 次采集数据。将标定板放置在测量空间中心，确保所有标志点都在视图窗口内，如图 7-6 所示。单击"下一步"按钮。

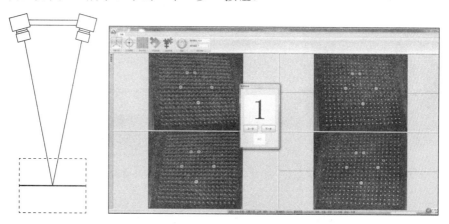

图 7-6　第 1 次采集数据

步骤 6：第 2 次采集数据。将标定板降低至测量空间的最底层，逆时针旋转 90°，尽量确保所有标志点都在视图窗口内，如图 7-7 所示，单击"下一步"按钮。

图 7-7　第 2 次采集数据

步骤 7：第 3 次采集数据。用标准垫块将标定板左侧垫高一个角度，如图 7-8 所示，单击"下一步"按钮。

图 7-8　第 3 次采集数据

步骤 8：第 4 次采集数据。用标准垫块将标定板前方垫高一个角度，如图 7-9 所示，单击"下一步"按钮。

 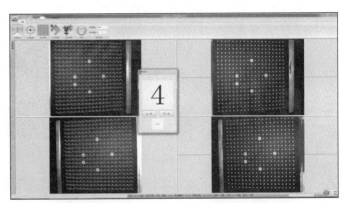

图 7-9　第 4 次采集数据

步骤9：第 5 次采集数据。将标定板右侧垫高一个角度，如图 7-10 所示。

图 7-10   第 5 次采集数据

步骤 10：标定相机。单击"运行"按钮，弹出"KM3D Scan"窗口，即完成标定。

3）扫描及模型拼接

单击"自动拼接"按钮 ♣ 进入拼接模式。其操作流程如图 7-11 所示。

图 7-11   拼接模式操作流程

步骤 1：模型贴标志点。自动拼接方法，即软件采集数据后会自动搜索相同标志点进行拼接。标志点粘贴的原则：随机分布标志点位置，确保在两次扫描过程中，当下扫描数据中的标志点至少有三个（一般为四个）被前面扫描的数据所包含，以便拼接效果良好。对板的平整度无要求，标志点应粘贴牢固。

步骤 2：调整模型位置。因为模型需要在一个固定的范围内才能拍摄，所以须调整模型和扫描仪之间的相对位置，使模型尽量在测量空间的中心位置。可打开"对准调整"选项，调整模型位置，使十字打在中心位置，如图 7-12 所示。

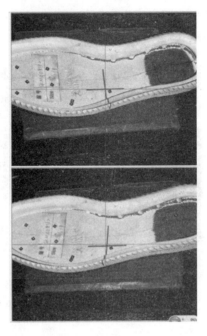

图 7-12　调整模型位置

步骤 3：单击"扫描"按钮 进行扫描，窗口的右下方显示扫描进度，如图 7-13 所示。扫描完成后，单击"确定"按钮 进行确定，或者单击"删除"按钮 进行删除。继续扫描其他方向的模型，模型会自动拼接在一起，如图 7-14、图 7-15 所示。

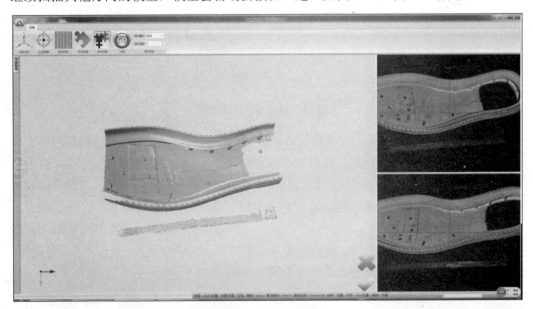

图 7-13　进行扫描 1

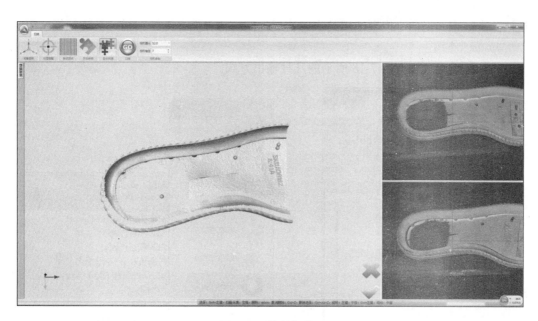

图 7-14　进行扫描 2

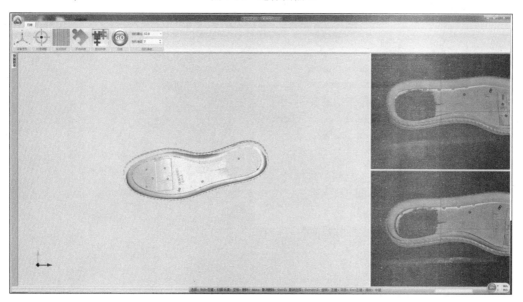

图 7-15　自动拼接

步骤 4：模型编辑。界面下方显示编辑快捷方式，如图 7-16 所示。

选择：Shift+左键，扫描采集：空格，删除：delete，撤消删除：Ctrl+Z，撤销选择：Ctrl+Alt+Z，旋转：左键，平移：Ctrl+左键，缩放：中键

图 7-16　编辑快捷方式

将光标移至界面左侧，会自动弹出图 7-17 所示的窗口，对模型进行编辑。软件默

认清除离散点。当一个模型编辑结束确认后返回扫描界面，继续扫描，直到扫描结束。

4）模型输出

本扫描软件可以有图 7-18 所示的几种输出方式。

图 7-17　快捷菜单

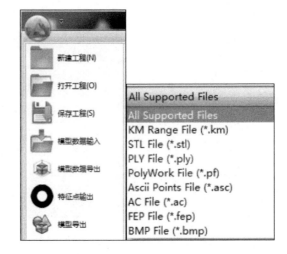

图 7-18　模型输出

第8课 了解常用切片软件与应用

熟悉 3D 打印流程的人都知道，在建立 3D 模型以后要进行切片，那到底什么是切片呢？实际上，切片就是将 3D 模型文件格式转化为 3D 打印机本身可以识别和执行的代码，如 G 代码、M 代码。下面，我们就来盘点一下常用的切片软件。

1. MakerBot 切片软件及应用

MakerBot 是由美国 Makerbot 公司开发的一款切片软件。操作界面非常简单，只需要简单的几个步骤即可完成切片，快捷键【Ctrl+O】打开需要切片的文件，如图 8-1 所示。双击左侧的"移动"按钮 可以移动模型，如图 8-2 所示。

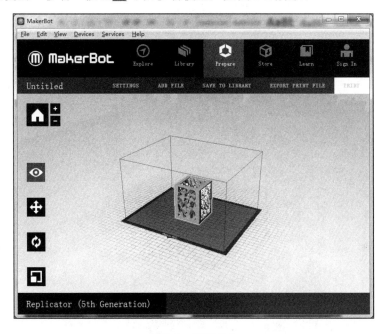

图 8-1　打开文件

图 8-2　移动模型

双击"旋转"按钮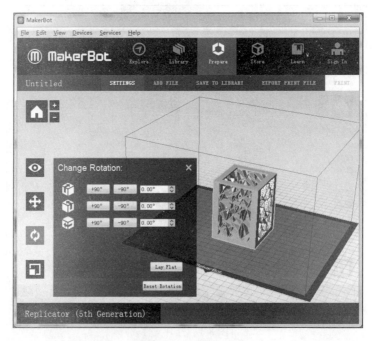，可以对模型进行旋转操作，如图 8-3 所示。双击"比例缩放"按钮，可以对模型的大小进行缩放，如图 8-4 所示。

图 8-3　旋转操作

图 8-4　缩放操作

　　选择右上角 EXPORT PRINT FILE 命令进行切片，如图 8-5 所示。Makerbot 切片软件还能预估打印所需要的时间及耗费材料的重量，如图 8-6 所示。选择 Export Now 命令，将切片后的模型文件保存到指定文件夹即可，如图 8-7 所示。

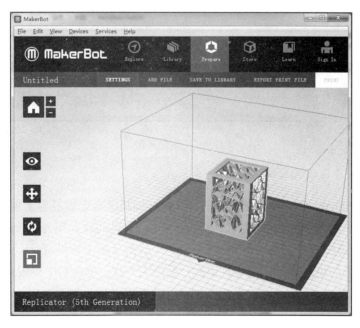

图 8-5　切片操作

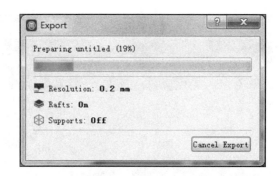

图 8-6　进度显示

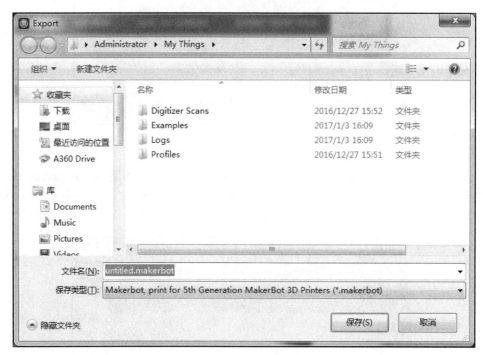

图 8-7　保存文件

2. Cura 切片软件及应用

Cura 是 Ultimaker 公司设计的 3D 打印软件，以高度整合性及容易使用为设计目标。但相对来说界面还是较为专业的。第一次启动时，会自动载入作为 Cura 标志的小机器人，如图 8-8 所示。跟主界面一起弹出的还有 Cura 的新版本特性提示，详细介绍了这个版本与上一版本的更新之处。这个对话框只会弹出一次，单击 OK 按钮关闭。关闭 Cura 再次打开，出现空白场景，可进行模型的载入和查看操作，如图 8-9 所示。

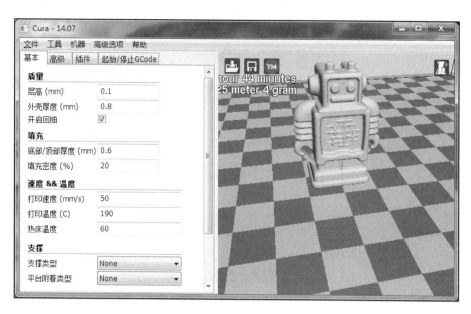

图 8-8　启动界面

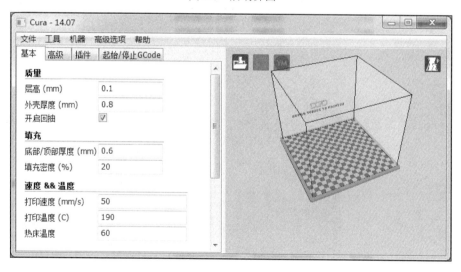

图 8-9　空白场景

　　图中，操作界面分为左右两格窗口，左侧有一组面板，主要是用来设置切片器的。右侧是 3D 浏览窗口，可以载入、修改、保存模型，还可以以多种方式来观察模型，操作过程如下。

　　（1）单击右侧 3D 浏览窗口左上角的 Load 按钮，载入一个模型，如图 8-10 所示。Cura 支持多种 3D 模型文件格式，其中最常见的是.stl 文件格式。.stl 文件格式是一种非常简单的 3D 模型文件格式，而且是基于文本的格式，可以直接用文本编辑工具打开查看、编辑。如图 8-11 所示，用 Cura 打开生肖狗模型。

图 8-10　载入文件

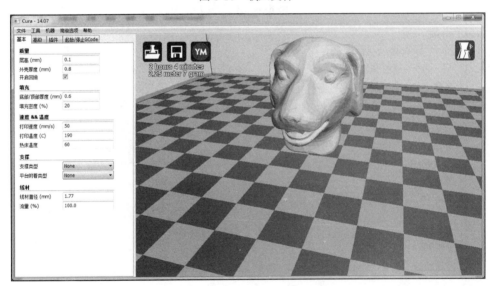

图 8-11　打开模型文件

（2）模型载入后，可以在主窗口内看到载入模型的 3D 形象。同时，在窗口的左上角，标着红圈的位置处，可以看到一个进度条在前进，进度条快速前进的过程，就是 Cura 软件中高速切片器的工作过程。在切片器工作结束时，3D 打印的时间（2 hours 4 minutes）、需要的塑料丝长度（2.25 meter）、克数（7 gram）就都计算好了，如图 8-12 所示。同时，单击 save toolpath 按钮，把切片的结果保存为.gcode 文件。单击进度表右侧的 YM 按钮，可以把打印模型分享到 YouMagine 网站。

在这个 3D 观察界面上，使用鼠标右键拖曳，可以实现观察视点的旋转。使用鼠标滚轮，可以实现观察视点的缩放。除了旋转、缩放的观察方式之外，Cura 还提供了多种高级观察方法。这些方法隐藏在右上角的按钮中。单击这个按钮，打开观察模式（View mode）菜单，如图 8-13 所示。

图 8-12　进度表显示

图 8-13　观察模式菜单

　　观察模式中包括普通（Normal）模式、悬垂（Overhang）模式、透明（Transparent）模式、X 光（X-Ray）模式，以及层（Layers）模式。悬垂模式下，3D 模型悬垂出来的部分，都会用红色表示。这样，可以让用户容易观察 3D 打印模型中容易出问题的部分，如果有必要，可以在正式打印之前解决这些问题。

　　观察界面的左下角是功能按钮，如图 8-14 所示。这几个按钮可以对模型进行简单地旋转、缩放、镜像等调整操作，方便 3D 打印用户操作。

　　第一个是"旋转"按钮。单击此按钮，3D 模型周围出现红黄蓝三个圆圈，分别代表沿 X 轴、Y 轴、Z 轴旋转，如图 8-15 所示。模型沿着红色圆圈旋转 30°。直接用鼠标操作的时候，以 5° 为单位进行旋转。如果需要更精细的控制，可以按【Shift】键，以 1° 为单位做更细致的操作。

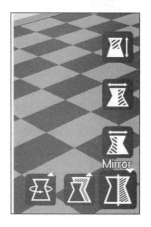

图 8-14　功能按钮

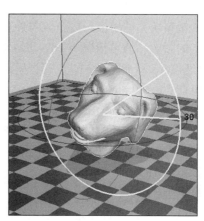

图 8-15　旋转操作

第二个是"复位"按钮▣。单击此按钮，刚才所做的所有修改恢复原样。

第三个是"镜像"按钮▣。一共有三个镜像功能按钮，分别沿着 X 轴、Y 轴、Z 轴进行镜像操作。

Cura 软件最大的特色，就是它的高速切片功能。对于一个比较复杂的模型，在其他切片软件中进行切片的过程常常需要几十分钟时间，可能最后还会内存不足。同样的模型在 Cura 中进行切片往往只需要几十秒到几分钟，而且打印质量没有什么区别。Cura 的切片设置界面，如图 8-16 所示。

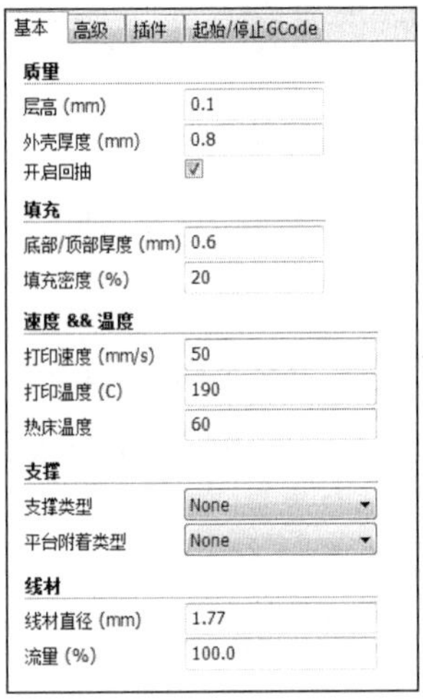

"质量"一栏，"层高"是指切片每一层的高度。这个设置直接影响打印的速度，层高越小，打印时间越长，同时可以获得相对好的打印精度。"外壳厚度"是指对于一个原本实心的 3D 模型，在 3D 打印过程中四周生成一个多厚的塑料外壳，除了外壳之外的部分，使用网格状的塑料格子填充。"外壳厚度"很大程度上影响了 3D 打印件的坚固程度。"开启回抽"是指在两次打印间隔期是否将塑料丝回抽，以防止多余的塑料在间隔期挤出，产生拉丝，影响打印质量。

"质量"一栏中的"层高"和"外壳厚度"两个选项，与 3D 打印机的挤出头直径密切相关。"外壳厚度"不能低于挤出头直径的 80%，而"层高"不能高于挤出头直径的 80%。如果设置不满足这一点，Cura 将把输入框设置为黄色，提示用户。如果当前界面显示的挤出头直径设置有问题，可以先跳到高级设置一栏，将最上面一项挤出头尺寸设置好再返回。

图 8-16 Cura 的切片设置界面

"填充"一栏，"底部/顶部厚度"与"外壳厚度"类似，推荐这个值和"外壳厚度"接近，并且是层厚和喷嘴直径的公倍数。"填充密度"指的是原本实心的 3D 模型，内部网格状塑料填充的密度。这个值与外观无关，越小越节省材料和打印时间，但强度会受到一定的影响。通常情况下 20%的填充密度足够了。

"速度&&温度"一栏，"打印速度"指的是每秒挤出多少毫米的塑料丝。通常设置这个值在 50～60mm 之间就可以了。因为挤出头的加热速度是有限的，所以每秒能融化的塑料丝也是有限的，在"层高"等设置得比较大的时候，这里就只能选择比较小的值，以满足挤出头挤出总量的限制。当设置不满足 Cura 的要求时，这个编辑框会变成黄色，提醒用户有问题需要解决。"打印温度"随使用材料的不同而不同。PLA 材料通常将这个值设定在 185℃即可。"热床温度"设定在 60℃，以使打印出来的 PLA 能比较牢固地粘在热床上。

"支撑"一栏，首先是"支撑类型"可以在无支撑、接触平台支撑或到处支撑之间进行选择。接触平台支撑是指建立于平台接触的支撑，到处支撑是指模型内部的悬空部分也会建立支撑。"平台附着类型"是指是否加强模型与热床之间的附着特性，选择"无"

（Non）表示直接在热床上打印 3D 模型。如果想解决翘边的问题，可以选择"边缘型"（Brim），这样会在第一层的周围打印一圈"帽檐"，让 3D 模型与热床之间粘得更好，打印完成时去除也相对容易。也可以选择"基座型"（Raft），这样会在 3D 模型下面先打印一个有高度的基座，可以保证牢固地粘在热床上，但是不太容易去除。支撑之类的东西，即使增加在普通 3D 视图中也是不显示的。

"线材"一栏中的"线材直径"可以指定线材的直径，"流量"设置挤出塑料量相对于缺省值的百分比，如果打印机已经是校正好的，这里填 100%即可。

第9课
如何操作桌面型 3D 打印机

桌面型 3D 打印机的设计理念是简易、便携。只需要几个菜单，即使从来没有使用过 3D 打印机，也可以很容易地打印出自己喜欢的模型。本节课以 M16 桌面型打印机为例来学习如何操作 3D 打印。M16 桌面型打印机的原理是将 PLA 材料高温熔化挤出，并在成型后迅速凝固，因而打印出的模型结实耐用。

1. 技术参数

M16 桌面型打印机的基本技术参数如表 9-1 所示。

表 9-1 M16 桌面型打印机的基本技术参数

材料规格	1.75mmPLA
材料颜色	白色/黑色/红色/黄色/蓝色/绿色等
层厚	0.1~0.4mm
打印速度	60mm/s
成型尺寸	155mm×155mm×160mm
打印机重量	15kg
打印机尺寸	300mm×300mm×400mm
打印技术	熔丝堆积制造
设备结构	铝合金结构
传动结构	双十字 XY 轴光杆、双根 Z 轴滚珠螺杆、步进电动机
喷头数量	单喷头
模型误差	100 mm ± 0.2 mm
喷嘴孔径	0.4mm
加热平台	是
液晶面板	是
打印软件	Cura（Windows，MacOs，Linux）
电源要求	100~240VAC，50~60 Hz，300W
模型支撑	自动生成支撑

输入格式	STL
操作系统	Win7 64/Mac

2. 环境要求

M16 桌面型 3D 打印机的正常工作室温应介于 15～30℃之间，湿度在 20%～50%之间。如果超出此范围，可能会影响成型质量。不要使打印机接触水源，否则可能会造成机器的损坏。

3. 初始化打印机

在打印机开始工作之前，需要对打印机进行检查和调试。连接设备电源，打开开关，手拉设备内底部皮带，使工作台降至设备底部，手动调节打印喷嘴至设备的右后方，使工作台和打印喷嘴返回到打印机的初始位置。如果打印机没有正常响应，需要关闭设备电源，手动 X/Y/Z 三轴运动方向，然后再次通电重复初始化操作步骤。

4. 校准喷嘴高度

校准喷嘴高度非常重要，它可以确保使用者了解校准喷嘴高度安装的全过程，它的设定对 3D 打印机的成功打印起着至关重要的作用。为了确保打印的模型与打印平台黏结正常，防止喷嘴与工作台碰撞对设备造成损害，需要在打印开始之前对喷嘴高度进行校准设置。该高度以喷嘴距离打印平台 0.2mm 时为佳。

设置打印平台和喷嘴之间的正确距离，按照下列步骤操作。

（1）在操作面板上，打开 Prepare 菜单，进入后依次选择 Home all Axis 选项，三轴原点归零开始，当工作台上喷嘴移动到设备左前方时，在打印底板左前角位置放两张 A4 纸，工作台缓缓上升接近喷嘴底部，当 Z 轴完全停止上升动作后，用手轻拉放置的 A4 纸，有稍微摩擦即可。若拉动过紧，就从右向左顺时针旋转设备后方的 Z 轴控制高度感应器（图 9-1）二分之一圈；若过松，则反方向旋转，再次重复面板操作，直到喷嘴与打印底板的间距为 0.2mm。

图 9-1　调整喷嘴和打印底板间距

（2）若想快速升降工作台的高度，打开 Prepare 菜单，进入后选择 Motors off 选项，关闭各运动轴电动机控制系统，手拉设备内底表面皮带，可升降工作台高度。

（3）喷嘴的正确高度只需要设定一次，以后就不需要再设置了，这个数值已被系统自动记录下来。

（4）如果校准高度时，喷嘴和平台相撞，须在进行任何其他操作之前重新初始化打印机。

（5）在移动打印机后，或者若发现模型不在平台的正确位置上打印及翘曲，须重新校准喷嘴高度。

5. 调平打印平台

在正确校准喷嘴高度之后，需要检查喷嘴和打印平台四个角的距离是否一致。如果不一致，须调整平台底部的四个螺钉，直到喷嘴和平台的四个角在同一水平面上。从右向左旋转螺钉是升高工作台位置，从左向右旋转螺钉是降低工作台位置。逐一调试，直到喷嘴和打印平台四个角的距离一致，如图 9-2 所示。

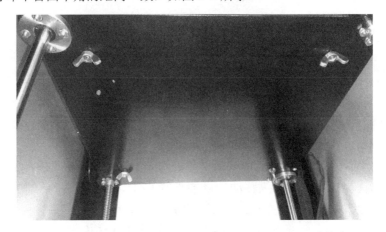

图 9-2　调平打印平台

6. 打印材料安装

将料盒支架和滚动轴一起拼装，并将材料顺时针安装在滚轴上，拉出材料盒上的丝材前端，顺着送料管道一直安装到喷嘴内部。

安装打印材料时，首先接通电源，然后将打印材料插入送丝管。在操作面板上打开 Prepare 菜单，进入后单击 Pre heat 按钮，给喷嘴加热，当喷嘴温度上升至可融丝温度后，轻压丝材，直到材料从喷嘴流出，如图 9-3 所示。

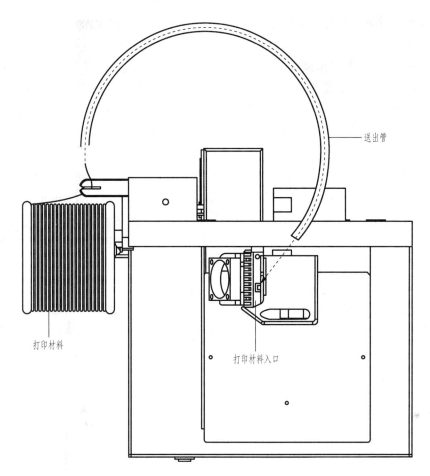

送出管

打印材料

打印材料入口

图 9-3　安装打印材料

7. 放置模型

将模型放置于平台的适当位置，尽量将模型放置在平台的中央，有助于提高打印的质量。在已经安装的切片软件中进行布局操作，以 Cura 切片软件为例，有两种布局操作。

（1）自动布局。右击模型，弹出一个下拉菜单，选择 Center on platform 选项，软件会自动调整模型在平台上的中心位置。

（2）手动布局。当导入多个模型，需要将模型合理均匀地摆放在打印底板上时，首先选中需要移动的模型，长按鼠标左键进行拖动，直到自己满意的位置再放手。依次重复这个动作，直到所有模型都摆放满意即可。

8. 其他维护选项

（1）喷嘴升温。打开设备操作面板，打开 Prepare 菜单，进入后单击 Pre Heat 按钮，打印喷嘴开始升温，直到程序设定温度。设备在不工作状态下，严禁打印头一直处于高温状态。

（2）挤出。在设备操作面板上，打开 Prepare 菜单，进入后选择 Extru der...，Extruder: 5mm，当打印材料完全进入喷嘴内部，且打印头温度也完全上升至设定熔丝温度后，单击一次，喷嘴自动出丝 5mm，单击第二次，喷嘴再次出丝 5mm，直至看到新安装材料出来后即可。当手动安装材料时，需要先将打印底板降低 100mm，才可以继续后续的操作。

（3）撤丝。当丝材即将用完或者需要更换喷嘴时，需要先将喷嘴内的余丝撤出。在设备操作面板上，打开 Prepare 菜单，进入后选择 Extru der...，Retract:5mm，当喷嘴温度上升至可熔丝温度时，每单击一次，喷嘴内的丝材就会自动撤出 5mm，直到全部余丝撤出喷嘴内部为止。快捷的操作方法是当喷嘴温度上升至设定熔丝温度时，从送丝电动机顶部轻轻拉出即可。

（4）停止打印。当设备在运行过程中，出现突发状况，需要停止打印时，可进行如下操作：在设备操作面板上，打开 Prepare 菜单，进入后单击 Abort 按钮，设备就会即时停止工作，然后再次选择 Home all Axis，打印机 $X/Y/Z$ 三轴就会自动归零到原始状态了。

9. 打印

使用 M16 打印机成功打印的关键之一就是打印平台的预热。特别是打印大型部件时，平台的边缘部分比中间部分要凉一些，这样会导致模型两边卷曲。防止此现象发生的最好办法是：确保打印平台在水平面上；喷嘴的高度设置准确；打印平台被预热完全。

打开 3D 打印机的电源键，打开 Prepare 菜单，进入后选择 Home all Axis，为设备作初始化检查。选择 Back 选项返回，单击 Play 按钮进入，选择 sd 卡进入，最后选择需要打印的文件名称。这时打印机操作屏开始显示温度预热的过程，当喷嘴和打印底板的温度上升到程序设定的数值后，打印机开始打印工作，如图 9-4 所示。

在制作模型前，要在打印底板表面均匀涂上一层配送的黏结胶水，胶水涂抹范围以制作模型大小为准即可。

在制作软件材料时，可适当地将喷嘴温度升高 10～15℃（相对于硬性材料的设定温度），打印速度降低至 60%～70%即可。

当模型完成打印时，喷嘴和打印平台会停止加热。松开固定打印底板的两个夹子，从打印机上撤下打印平台。把铲刀慢慢地滑动到模型下面，来回撬松模型。切记，在撬模型时要佩戴手套以防烫伤。在铲出模型时，也可以不撤下打印底板，等打印底板稍降温一段时间后，再用铲刀沿模型边缘轻轻滑动铲出。

图9-4　打印平台预热

10. 设备的维护

（1）清洗喷嘴。多次打印之后喷嘴可能会覆盖一层氧化的 PLA，当打印机打印时，氧化的 PLA 可能会熔化，造成模型表面半点型变色，因此需要定期清洗喷嘴。清理时，先预热喷嘴，熔化被氧化的 PLA，将打印底板降低 100mm，使用一些耐热材料，如纯棉布或软纸，用一把镊子清理喷嘴，如图 9-5 所示。也可以将喷嘴浸入丙酮溶液进行清洗，或者使用超声波清洗喷嘴。

（2）拆除/更换喷嘴。如果喷嘴被堵住，将喷嘴拆除或更换。在喷嘴的右侧有两个内六角顶针螺钉，使用打印机随机配备的内六角扳手来拆卸喷嘴。更换喷嘴时，将喷嘴安装在喷嘴卡位后，再用内六角扳手将固定螺钉拧紧即可，如图 9-6 所示。注意在喷头温度过高的情况下进行此操作必须配戴手套，以免烫伤手。

（3）简单的故障排除。M16 桌面型打印机常见的问题、原因和解决方法如表 9-2 所示。

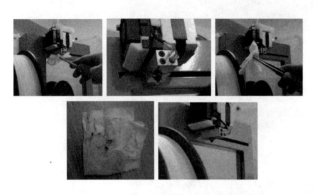
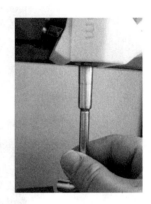

图9-5 清洗喷嘴   图9-6 拆除/更换喷嘴

表9-2 M16桌面型打印机常见的问题、原因和解决方法

问题或错误	原因及解决方法
无电	确认电源线是否插入牢固
喷嘴或平台未能达到工作温度	（1）检查打印机是否初始化，如果没有，初始化打印机
	（2）加热器损坏，更换加热器
打印材料无法挤出	（1）材料在喷嘴内堵住，详见设备的维护
	（2）轴承和送丝机之间的间隙过大，将间隙调小
	（3）料盒内材料打结，重新整理材料盒
打印模型翘曲变形	（1）工作台四角不水平，调整工作台四角水平
	（2）打印模型底板未涂胶水，打印模型之前涂上一层胶水
	（3）切片文件有错误，重新检查模型和切片文件
其他故障	设备死机，断电，重起设备

第 10 课
3D 打印常见问题盘点

在实际的打印过程中会出现许多质量问题，为了能打印出好的作品，必须了解影响质量的原因，以便进行改进。3D 打印常见以下几种问题。

（1）开始打印后，打印材料（简称塑料）无挤出。

（2）打印材料没法粘到平台上。

（3）出料不足。

（4）出料偏多。

（5）顶层出现孔洞或裂缝。

（6）拉丝或垂料。

（7）过热。

（8）层错位。

1. 开始打印后，塑料无挤出

打印开始后，塑料没有挤出，如图 10-1 所示。可能原因和解决办法有如下四种。

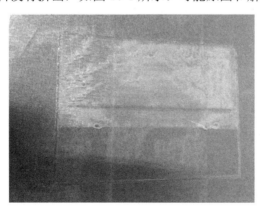

图 10-1　耗材无挤出

1）打印开始前，挤出机没有装填塑料

大多数挤出机存在一个问题：当挤出头处于高温静止状态时，会漏料。喷嘴中加热的塑料，总是倾向于流出来，导致喷嘴内是空的。这种静止垂料的问题，可能出现在打印开始阶段，预加热挤出头的时候；也有可能发生在打印结束后，挤出机慢慢冷却时。如果挤出机因为垂料流出了一些塑料，那么下次挤出时，可能需要多等一会儿，料才开始从喷嘴中挤出。当挤出机发生垂料，打印开始后出料会延迟。要解决这个问题，需要保证挤出机预先填满，以保证喷嘴中充满料。在切片软件 Simplify3D 中，解决这个问题的通常做法是使用"裙边"（skirt）。裙边是围绕着打印件的线，在打印裙边时，会让挤出机中充满塑料。如果需要填充更多，可以在 Simplify3D 的"附件"（Additions）标签页中设置增加裙边的圈数。还可以在打印开始前，在 Simplify3D 的设备控制面板上，使用控制手柄，手动挤出塑料。

2）喷嘴离平台太近

如果喷嘴离平台太近，将导致没有足够的空间，喷嘴顶端的孔会一直被堵住，塑料无法流出来。识别这种问题的一个简单方法是：看是不是第 1 层或第 2 层不挤出，但第 3 层或第 4 层又开始正常挤出了。这个问题可以在 Simplify3D 的"G 代码"（G-Code）标签页中，通过修改 G 代码偏移设置来解决。采用这种方法，可以非常精确地调整 Z 轴坐标原点，而不必修改硬件。例如，如果设置 Z 轴的 G 代码偏移量为 0.05mm，那么喷嘴将远离平台 0.05mm。每次增加一点，直到喷嘴平台之间有足够的空间让塑料挤出。

3）线材在挤出齿轮上打滑（刨料）

多数 3D 打印机通过一个小齿轮来推动线材前进或后退。齿轮上的齿咬入线材中，来精确地控制线材的位置。然而，如果仔细观察塑料上的齿印，会发现线材上有些小段上没有齿印，这有可能是因为驱动齿轮刨掉了太多塑料。解决这个问题，须提高挤出机的打印温度或降低打印的速度。如果还有问题，进一步查看喷嘴是否堵塞。

4）挤出机堵了

如果上面的建议都没法解决问题，那么有可能是挤出机堵了。情况如下：当外部碎片卡住喷嘴，塑料在挤出机中淤积太多；或者挤出机散热不充分，塑料在预期熔化的区域之外就开始变软了。解决这个问题，需要拆开挤出机。因此，在动手之前，请先与打印机提供商联系。也可以采用其他方法，如使用穿线针，插入喷嘴中即可解决。

2. 打印材料没法粘到平台上

有些时候，打印材料一开始没有粘在工作平台上，导致后续不能进行产品的打印，如图 10-2 所示。究其原因及解决办法有以下六种。

1）构建平台不水平

很多打印机会配有几个螺钉或手柄，用来调整平台的位置。如果遇到了第一层打印材料不着床的问题，首先需要确认平台本身是不是平的，放置是否水平。如果不水平，平台的一边会更接近喷嘴，而另一边又太远。Simplify3D 中有一个非常有用的平台调平指南，打开"工具"→"平台调整"（Tool→Bed Leveling Wizard）命令，按照屏幕上的提示完成调整操作。

图 10-2　耗材没法粘到平台

2）喷嘴离平台太远

平台调平后，还须确定喷嘴的起始位置与平台的间距是否合适。若希望塑料轻轻粘在平台上，以获得足够的附着力，既可以通过调整硬件来实现，还可以通过修改 Simplify3D 中的设置，更容易、更精确地实现。单击"修改切片设置"（Edit Process Settings）按钮，打开设置界面，然后选择"G 代码"标签页。通过修改 Z 轴偏移 G 代码来调整喷嘴的位置。例如，在 Z 轴偏移中输入-0.05mm，喷嘴将从靠近平台 0.05mm 的位置开始打印。须注意，这个设置每次只做很小的调整。打印件每层只有 0.2mm 左右，很小的调整，实际影响都会很大。

3）第一层打印太快

当挤出机在平台上打印第一层时，理想的效果是第一层塑料能恰当地粘在平台的表面上，以便接下来打印其他层。如果第一层打印太快，则可能没有足够多的塑料粘在平台上。解决这个问题常用的方法是将第一层的打印速度降低。Simplify3D 提供了一个设置，专门来实现这一特性。单击"修改切片设置"（Edit Process Settings）按钮，打开"层"（Layer）标签页，弹出"第一层速度"（First Layer Speed）的设置项。例如，设置第一层的速度为 50%，那么第一层的打印速度会比其他层的打印速度慢一半。如果觉得打印机第一层打印得太快，则可以通过减小这个设置值来实现。

4）温度或冷却设置有问题

当温度降低时，塑料会收缩。为了形象说明，想象一下，一台 ABS 塑料 3D 打印机，打印时挤出机的温度是 230℃，塑料从喷嘴中挤出后会快速冷却。一些打印机还配有冷却风扇，当它们起动时，会加速冷却的过程。一个 100mm 宽的 ABS 塑料打印件冷却到室温 30℃会收缩 1.5mm。但是，打印机上的平台不会收缩，因为它一直处于同一个温度。这种现象的存在使得塑料冷却时，总是倾向于脱离平台。在打印过程中，如果观察到第一层很快要粘到平台上，但随着温度降低又脱离了，那么很可能就是温度和冷却相关的设置有问题。

为了打印如 ABS 一样需高温才熔化的塑料，许多打印机配备了一个可加热的平台来解决这个问题。在打印过程中，如果平台被加热，一直保持在 110℃，它将使第一层一直是热的，进而不会收缩。通常认为，聚乳酸（PLA）在热床上加热到 60～70℃时会很好地着床，而 ABS 在 100～120℃时比较容易着床。可以在 Simplify3D 中修改这个设置，单击"修改切片设置"（Edit Process Settings）按钮，打开"温度"（Temperature）标签页菜单，在左边的列表中，选择平台加热项目，在第一层双击数值，修改温度。

如果打印机配有冷却风扇，可以在前几层打印时禁用它，以使这几层不致冷却得太快。单击"修改切片设置"（Edit Process Settings）按钮，打开"冷却"（Cooling）标签页，在左边设置风扇速度。例如，希望第一层打印时禁用风扇，到第 5 层时，全速开启风扇。这时，只须在列表中添加两个控制点：第一层 0%、第 5 层 100%的风扇转速。如果使用的是 ABS 塑料，通常是在整个打印过程中禁用风扇，这时只添加一个控制点（第一层 0%风扇转速）就行。如果处在一个比较通风的环境中，则需要将打印机封闭起来，使风吹不到打印件。

5）平台表面处理（胶带、胶水及材质）

不同的塑料与不同材质的材料黏合度不一样。因此，许多打印机都有一个特别材质的平台，与所用耗材相适用。例如，一些打印机将与 PLA 能很好黏合的"BuildTak"片放置在平台上。有些打印机生产商则选择经过热处理过的硼化硅玻璃平台，这种玻璃在加热后，能与 ABS 塑料很好地黏合。如果在这些平台上直接打印，那么在打印开始前，须检查平台上是否有灰尘、油脂等杂物。用水或酒精清理一下平台，会产生很不一样的效果。

如果打印平台不是特殊材料的，还可以选用与打印材料能黏合的几类条形胶带。这些条形胶带能方便地粘到平台表面，同时也能很轻松地移除或更换，以适应打印不同的材料。例如，PLA 能和蓝色美纹胶（3M 正品）带黏合得很好，而 ABS 塑料可与 Kapton 胶带（也称聚酰亚胺树脂胶带）黏合得好。当用胶带也无效时，还可将发胶或棒胶，或者其他黏性物质涂在平台表面，也能解决问题。

6）当以上方法都不行时，还可选用溢边和底座

有时，打印一个非常小的模型，模型表面没有足够的面积与平台表面黏合。可以在 Simplify3D 中设置一些选项，来帮助增加模型与平台的附着面积。在"附件"（Additions）标签页的最下面，开启"使用溢边和底座"（Use Skirt/Brim）选项。溢边是在打印件外围增加额外的边，与帽子的帽檐增大帽子周长一样。Simplify3D 还允许用户在打印底部

时增加一层底座，这样也可以增大着床面积。

3．出料不足

在打印过程中会出现出料不足的现象，如图 10-3 所示。其产生的原因及解决办法有以下两种。

图 10-3　出料不足

1）不正确的打印材料直径

首先需要确认系统中设置了材料的直径。单击"修改切片设置"（Edit Process Settings）按钮，打开"其他"（other）标签，确认设置的值与所购买的材料直径是一致的。必要时，还需要用卡尺测量所用的材料，以确认在软件中设置的值是正确的。最常见的材料直径是 1.75mm 和 2.85mm。许多材料卷的包装上也标有直径。

2）增加挤出倍率

如果材料直径是正确的，但是仍然出现出料不足的现象，则需要调整挤出倍率。这是 Simplify3D 中一个非常有用的设置，允许轻松修改挤出机的挤出量（也被称为流量倍率）。单击"修改切片设置"（Edit Process Settings）按钮，打开"挤出机"（Extruder）标签页。打印机上的每个挤出机都有一个单独的挤出倍率，如果要修改某一个挤出倍率，须在列表上选择与之对应的设置项。例如，如果挤出倍率原来是 1.0，现在修改为 1.05，则意味着将比以前多挤出 5%的塑料。通常情况下，打印 PLA 时设置挤出倍率为 0.9 左右；打印 ABS 时设置值接近 1.0。

4．出料偏多

由于出料偏多，会导致产品的精度和外观质量受到很大的影响，如图 10-4 所示。其产生的原因和解决办法如下。

图 10-4　出料偏多

软件与打印机是一起工作的，首先须确认从喷嘴中挤出了准确数量的塑料。精确挤出是获得高质量打印件的重要因素。然而，大多数 3D 打印机，没有办法监测到底挤出了多少塑料。另外，如果挤出机设置不正确，打印机有可能挤出超过预设的塑料。出料偏多将导致打印件的外尺寸出问题。解决这个问题的方法是在 Simplify3D 中进行相应的设置。可参考"出料不足"部分的内容，修改相同的设置项，进行相反的设置，解决出料偏多的问题。例如，增加挤出倍率可以解决出料不足的问题，可以减少挤出倍率来解决出料偏多的问题。

5. 顶层出现孔洞或缝隙

当顶层出现孔洞或缝隙时，如图 10-5 所示，其产生的原因及解决办法有以下三种。

图 10-5　孔洞或缝隙

1）顶部实心层数不足

首先采用的方法是调整顶部实心填充层的数量。当在部分中空的填充层上打印 100% 的实心填充层时，实心层会跨越下层的空心部分。此时，实心层上挤出的塑料，会倾向下垂到空心中。因此，通常需要在顶部打印几层实心层，来获得平整完美的实心表面。常用的做法是将顶层实心部分的厚度设置为 0.5mm。例如，如果用 0.25mm 的层高，需要打印两层顶部实心层。如果用 0.1mm 的层高，则需要在顶部打印五个实心层来达到同样的效果。如果在顶层发现挤出丝之间有间隙，则可尝试增加顶部实心层的数量。例如，如果发现这个问题时只打印了三个顶部实心层，则可试试打印五个实心层，看看有没有改善。注意，增加实心层只会增加打印件里面塑料的体积，不会增加外部尺寸。单击"修改切片设置"（Edit Process Settings）按钮，打开"层"（Layer）标签页来调整实心层的设置。

2）填充率太低

打印件内部的填充会成为它上面层的基础。打印件顶部的实心层需要在这个基础上打印。如果填充率非常低，那么填充中将有大量空的间隙。例如，使用 10%的填充率，那么打印件里面剩下 90%将是中空的。这将导致实心层需要在非常大的中空间隙上打印。如果试过增加顶部实心层的数量，而在顶部仍然能看到间隙，则可以尝试增加填充率，来看看间隙是否会消失。例如，填充率之前设置的是 30%，试着用 50%的填充率，因为这样，可以为打印顶部实心层提供更好的基础。

3）出料不足

如果已经尝试增加填充率和顶层实心层的数量，但在打印件的顶层仍能看到间隙，则可能遇到挤出不足的问题。这意味着，喷嘴没有挤出预期数量的塑料。关于这个问题的完整解决办法，可以参考"出料不足"部分的内容。

6. 拉丝或垂料

由于拉丝或垂料的产生会使产品表面变得毛糙，如图 10-6 所示，其产生的原因及解决办法如下。

图 10-6　拉丝或垂料

1）回抽距离

回抽最重要的设置是回抽距离。它决定了有多少塑料会从喷嘴中拉回。一般来说，从喷嘴中拉回的塑料越多，喷嘴移动时越不容易垂料。大多数直接驱动的挤出机，只需要 0.5～2.0mm 的回抽距离，一些波顿（Bowden）挤出机，可能需要高达 15mm 的回抽距离，因为挤出机驱动齿轮和热喷嘴之间的距离更大。如果打印件出现拉丝问题，试试增加回抽距离，每次增加 1mm，观察改善情况。

2）回抽速度

与回抽相关的设置是回抽速度，它决定了材料从喷嘴抽离的快慢。如果回抽太慢，塑料将会从喷嘴中垂出来，进而在移动到新的位置之前就开始泄漏。如果回抽太快，材料可能与喷嘴中的塑料断开，甚至驱动齿轮的快速转动，可能刨掉材料表面部分。介于 1200～6000mm/min（20～100mm/s）的回轴速度，回抽效果比较好。Simplify3D 提供了一些内置的默认配置来确定多大的回抽速度效果最好。但是，最理想的值需根据实际使用的材料来确定。因此，需要通过试验来确定不同的速度是否减少了拉丝量。

3）温度太高

导致出现拉丝问题的另一个因素是挤出机温度。如果挤出机的温度太高，喷嘴中的塑料会变得非常黏稠，进而更容易从喷嘴中流出来。如果温度太低，塑料会保持较硬状态，难以从喷嘴中挤出来。如果回抽设置正确，但是出现这个问题，试试降低挤出机温度，如降 5～10℃，这将对最后的打印质量有明显的影响。单击"修改切片设置"（Edit Process Settings）按钮，打开"温度"（Temperature）标签页，从列表中选择相应的挤出机，在需要修改的温度值上双击。

4）悬空移动距离太长

挤出机在两个不同的位置间移动的过程中，塑料从喷嘴中垂下来。移动距离的大小，对拉丝的产生有很大的影响。短程移动足够快，塑料没有时间从喷嘴中重落下来；大距离的移动，则有可能导致拉丝。Simplify3D 包含了一个非常有用的功能，能自动调整移动路径，来保证喷嘴悬空移动的距离非常小。启用这一功能，可以使拉丝没有可能性，因为喷嘴一直在实心的塑料上方，而且不会移动到打印件外部。选择"高级"（Advanced）标签页，选择"避免移动超出轮廓"选项即可。

7. 过热

如果产生过热现象，塑料很容易被改变形状，如图 10-7 所示。其产生的原因及其解决办法如下。

图 10-7　过热现象

1）散热不足

最常见的导致过热的原因是塑料没能及时冷却。冷却缓慢时，塑料很容易被改变形状。对于多塑料来说，快速冷却已经打印的层来防止它们变形是比较好的。如果打印机上配有冷却风扇，可以试着增加风扇的风力来使塑料冷却得更快。单击"修改切片设置"（Edit Process Settings）按钮，打开"冷却"（Cooling）标签页，作相应设置，双击需要修改的风扇的控制点。如果打印机没有配置冷却风扇，还可自己安装一个风扇，或者用手持风扇来加快层的冷却。

2）打印温度太高

如果已经使用了冷却风扇，但仍然有问题，则须试着降低打印温度。如果塑料以低一些的温度从喷嘴中挤出，它将可能更快地凝固成型。试着将打印温度降低 5～10℃，来看效果。单击"修改切片设置"（Edit Process Settings）按钮，打开"温度"（Temperature）标签页，作相应设置，双击需要修改的温度的控制点。注意，温度不要降得太多，以防塑料不够热而无法从细小的喷嘴孔中挤出。

3）打印太快

如果打印每一层都非常快，可能导致没有足够的时间让层冷却，却又开始在它上面打印新的层了。在打印小模型时，这一点需要特别注意。即使有冷却风扇，仍然需要降低打印速度来确保有足够的时间让层凝固。Simplify3D 有一个非常简单的选项可以解决这个问题。单击"修改切片设置"（Edit Process Settings）按钮，打开"冷却"（Cooling）标签页，弹出"速度重写"（Speed Overrides）设置项。这个设置项可以在打印小的层时自动降低速度，以确保在开始打印下一层时，它们有足够多的时间来冷却和凝固。例如，当打印时间少于 15s 的层时，通过"速度重写"项来调整打印速度，程序会在打印这些小层时自动降低打印速度。对于解决高热问题，这是一个关键的特性。

4）当以上这些办法都无效时，试试一次打印多个打印件

如果已经尝试了以上三种办法，仍然在冷却方面有问题，还有一种方法：将要打印的模型复制一份，或者导入另一个可以同时打印的模型。通过同时打印两个模型为每个模型提供更多的冷却时间。喷嘴需要移动到不同的位置去打印第二个模型，这就提供了一个机会，让第一个模型冷却。这很简单，但却是解决过热问题的一个很有效的策略。

8. 层错位

在打印过程中产生层错位，如图 10-8 所示。其产生的原因及解决办法如下。

1）喷嘴移动太快

如果以一个非常高的速度打印，超过了电动机能承受的范围，通常会听到"咔咔"的声音。在这种情况下，接下来打印的层，会与之前打印的所有层错位。可以试着降低 50%的打印速度，来看是否有帮助。单击"修改切片设置"（Edit Process Settings）按钮，打开"其他"（Other）标签页来设置，同时调整"默认打印速度"和"X/Y 轴移动

图 10-8　层错位

速度"。默认打印速度决定了挤出头挤出塑料时的速度 "X/Y 轴移动速度",决定了打印头空程时的移动速度。如果这两个速度中的任意一个太快,都有可能导致错位。还可以考虑降低打印机固件中的加速度设置,使加速和减速更加平缓。

2)机械或电子故障

如果降低了速度,错位问题还一直出现,那就有可能是打印机存在机械或电子故障。例如,多数 3D 打印机使用同步带来作电动机传动,以控制喷嘴的位置。同步带一般由橡胶制成,再加入某种纤维来增强。长时间使用,同步带可能会松弛,进而影响同步带带动喷嘴的张力。如果张力不够,同步带可能在同步轮上打滑,这意味着同步轮转动了,但同步带没有动。如果同步带原本安装得太紧,则会使轴承间产生过大的摩擦力,从而阻碍电动机转动。因此在处理错位问题时,需要确认所有同步带的张力是合适的,没有太松或太紧。如果觉得可能有问题,则调整皮带张力。

多数 3D 打印机包括一系列的同步带,驱动同步带的同步轮,使用一个定位螺栓来固定到电动机上。这种螺栓将同步轮锁紧在电动机的轴上,使二者同步旋转。如果螺栓松动了,同步轮不再与电动机的传动轴一同旋转,则意味着可能电动机在旋转,而同步轮和同步带却没有运动。在这种情况下,喷嘴也不会到达预期的位置,进而导致接下来的所有层错位。因此,如果层错位的问题重复出现,则需要确认所有电动机上的紧固件都已经拧紧了。

第11课

七巧板的设计与打印

 新手训练营

绘制图 11-1 所示的七巧板模型，板材厚度均为 3mm，并用 3D 打印机打印出来。

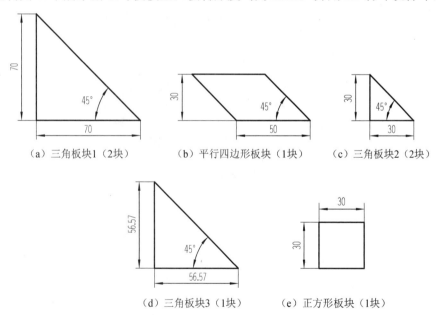

（a）三角板块1（2块）　　　　（b）平行四边形板块（1块）　　　　（c）三角板块2（2块）

（d）三角板块3（1块）　　　　（e）正方形板块（1块）

图 11-1　七巧板模型图

步骤 1：打开 CAXA 3D 实体设计 2016 软件，在设计元素库中拖曳"长方体"图素到设计环境中，如图 11-2 所示，在"编辑包围盒"对话框中设置"长度：30，宽度：30，高度：3"，单击"确定"按钮，完成如图 11-3 所示的正方形板块的建模，保存文件。

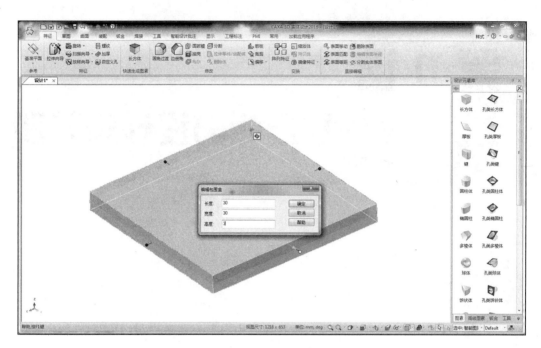

图 11-2　编辑长方体图素

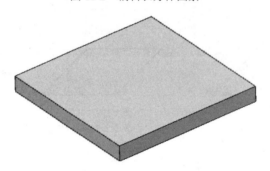

图 11-3　正方形板块

步骤 2：新建文件。在"设计元素库"中拖曳"长方体"图素到设计环境中，设置编辑包围盒尺寸为"长度：30，宽度：30，高度：3"，单击"确定"按钮结束。

步骤 3：选择"长方体"图素的上表面，右击，在弹出的快捷菜单中选择"编辑草图截面"选项，如图 11-4 所示。绘制如图 11-5 所示的三角形截面，单击"完成"按钮 ✔，完成如图 11-6 所示三角板块 2 的设计，保存文件。

步骤 4：新建文件。在"特征/特征"功能面板上单击"拉伸向导"按钮 ，弹出"拉伸特征向导-第 1 步/共 4 步"对话框，如图 11-7 所示，勾选"独立实体"单选按钮。

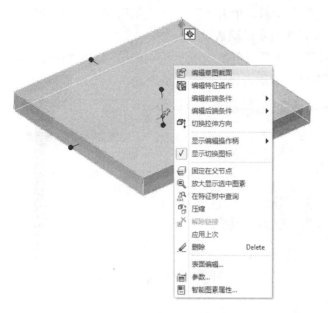

图 11-4　编辑草图截面

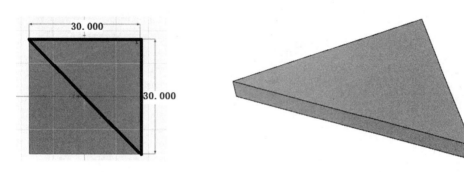

图 11-5　绘制三角形截面　　　　　　　　　　　图 11-6　三角板块 2

图 11-7　"拉伸特征向导-第 1 步/共 4 步"对话框

步骤 5：完成第 1 步后，单击"下一步"按钮，弹出"拉伸特征向导-第 2 步/共 4 步"对话框，如图 11-8 所示，默认设置。

步骤 6：完成第 2 步后，单击"下一步"按钮，弹出"拉伸特征向导-第 3 步/共 4 步"对话框，如图 11-9 所示，将"距离"值改为 3。

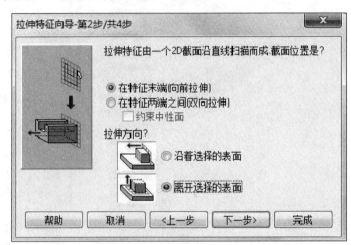

图 11-8　"拉伸特征向导-第 2 步/共 4 步"对话框

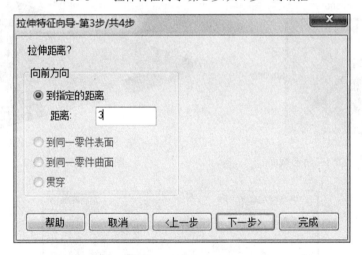

图 11-9　"拉伸特征向导-第 3 步/共 4 步"对话框

步骤 7：完成第 3 步后，单击"下一步"按钮，弹出"拉伸特征向导-第 4 步/共 4 步"对话框，如图 11-10 所示，默认设置，单击"完成"按钮，退出拉伸向导。此时，图形窗口显示如图 11-11 所示二维草图栅格，而功能区自动切换至"草图"面板并激活相关草图工具。

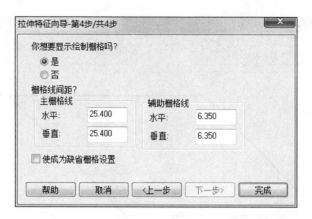

图 11-10　"拉伸特征向导-第 4 步/共 4 步"对话框

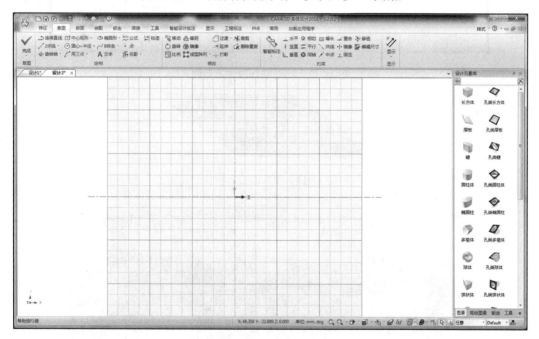

图 11-11　二维草图栅格

步骤 8：用草图工具绘制完成如图 11-12 所示的平行四边形草图截面，单击"完成"按钮 ✔，完成如图 11-13 所示平行四边形板块的设计，保存文件。

步骤 9：参照上述步骤完成七巧板其余板块的设计。

步骤 10：将建模完成的七巧板模型另存为.stl 文件，打开 3D 处理软件 RetinaCrete，如图 11-14 所示。

步骤 11：将七巧板模型拖入 3D 打印软件中，如图 11-15 所示。

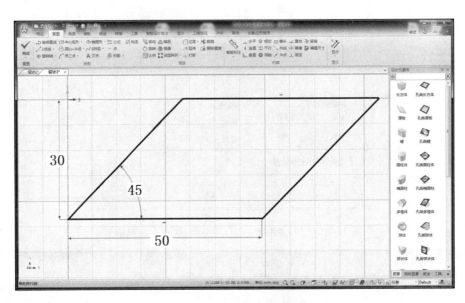

图 11-12　绘制平行四边形截面

图 11-13　平行四边形板块

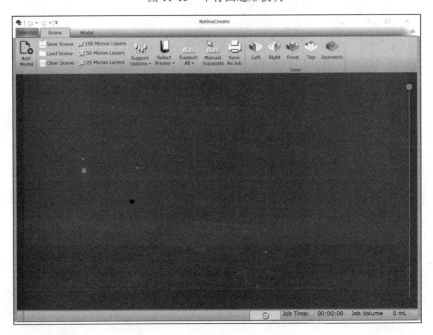

图 11-14　RetinaCrete 界面

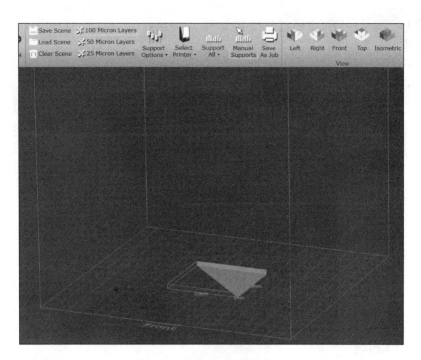

图 11-15　将七巧板模型拖入

步骤 12：单击"Save As Job"按钮，弹出图 11-16 所示"Save job file"对话框，保存文件。

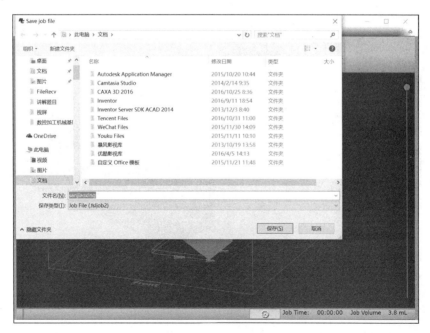

图 11-16　"Save job file"对话框

步骤 13：将保存的文件通过 U 盘导入 3D 打印机，开始打印。打印完成后进行简单的后期处理，完成效果如图 11-17 所示。

图 11-17　七巧板效果图

 习题演练场

根据图 11-18～图 11-23 所示的孔明锁图样进行三维建模，完成如图 11-24 所示的孔明锁模型，并用 3D 打印机打印出来。

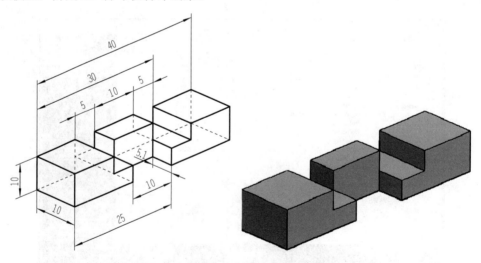

图 11-18　孔明锁图样 1

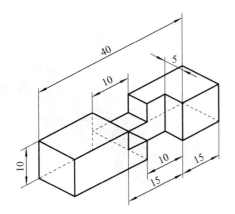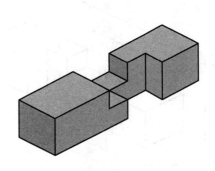

图 11-19　孔明锁图样 2

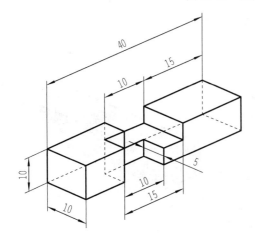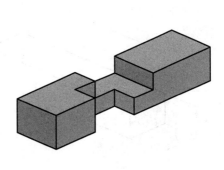

图 11-20　孔明锁图样 3

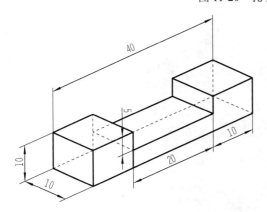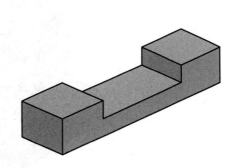

图 11-21　孔明锁图样 4

11

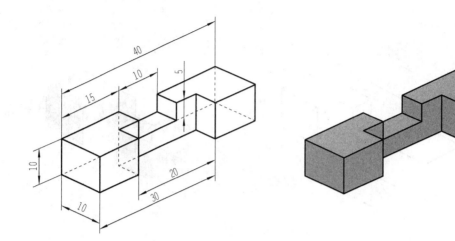

图 11-22　孔明锁图样 5

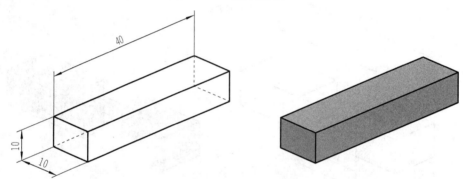

图 11-23　孔明锁图样 6

图 11-24　孔明锁模型

第12课

手机壳的设计与打印

新手训练营

完成图 12-1 所示的手机保护壳设计，并用 3D 打印机打印出来。

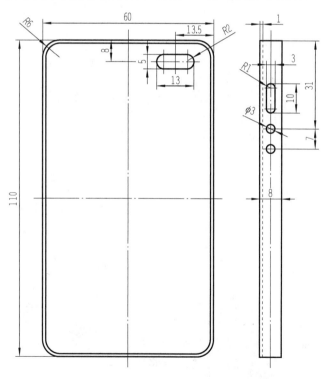

图 12-1　手机保护壳图

步骤 1：打开 CAXA 3D 实体设计 2016 软件，新建文件。在设计元素库中拖曳"长方体"到设计环境中,如图 12-2 所示,在"编辑包围盒"对话框中设置"长度:110,宽度:60,高度:8",单击"确定"按钮结束。

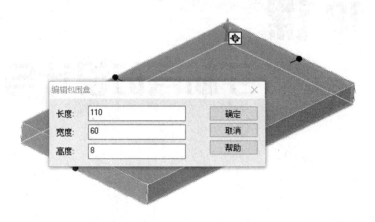

图 12-2　编辑长方体图素

步骤 2:在菜单栏中单击"圆角过渡"按钮，依次选择长方体的四个角边,输入圆角半径为 6,单击"确定"按钮结束,完成效果如图 12-3 所示。

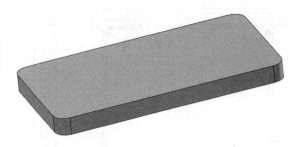

图 12-3　圆角过渡

步骤 3:在菜单栏中单击"抽壳"按钮，选择长方体的上表面,输入壳厚为 1,单击"确定"按钮结束,完成效果如图 12-4 所示。

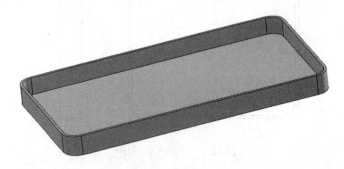

图 12-4　抽壳操作

步骤 4：在设计元素库中拖曳"孔类键"到设计环境中，如图 12-5 所示，在"编辑包围盒"对话框中设置"长度：10，宽度：3，高度：5"，单击"确定"按钮结束，并通过三维球移动到指定位置，完成效果如图 12-6 所示。

图 12-5　编辑孔类键图素

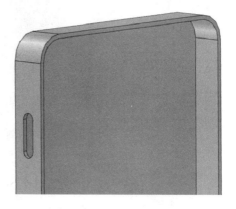

图 12-6　调整孔类键位置

步骤 5：在设计元素库中拖曳"孔类圆柱体"到设计环境中，如图 12-7 所示，在"编辑包围盒"对话框中设置"长度：3，宽度：3，高度：5"，单击"确定"按钮结束，并通过三维球移动到指定位置，完成效果如图 12-8 所示。

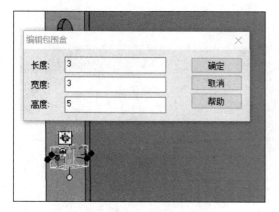

图 12-7　编辑孔类圆柱体图素

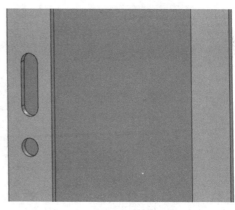

图 12-8　调整孔类圆柱体位置

步骤 6：运用相同的方法，依次建模手机壳的其他结构，完成后的手机壳实体造型如图 12-9 所示。

步骤 7：将建模完成的手机壳模型另存为.stl 文件，打开 3D 处理软件 RetinaCrete，将手机壳模型拖入 3D 打印软件中，如图 12-10 所示，并保存文件。

图 12-9　手机壳实体造型

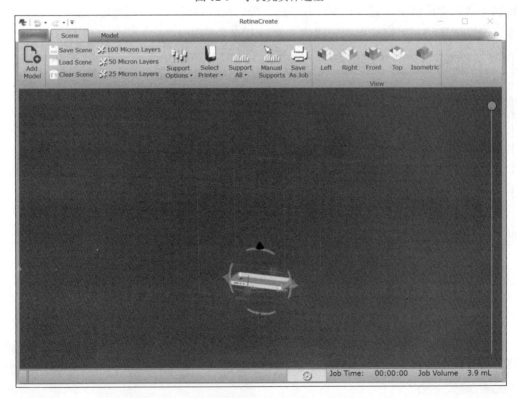

图 12-10　手机壳模型拖入 3D 打印软件 RetinaCrete

步骤 8：将保存的文件通过 U 盘导入 3D 打印机，开始打印。打印完成后进行简单的后期处理，完成效果如图 12-11 所示。

图 12-11　手机壳 3D 打印效果图

习题演练场

1. 参考图 12-12 所示的图样，为自己的手机定制一款个性化手机保护壳。

图 12-12　个性化手机保护壳

2. 根据图 12-13 所示的图样，完成方形花盆的实体造型并进行 3D 打印。

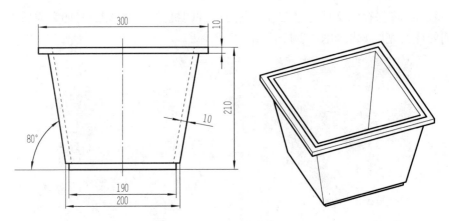

图 12-13　方形花盆图样及实体造型

 新手训练营

完成图 13-1 所示的懒人簸箕设计，并用 3D 打印机打印出来。

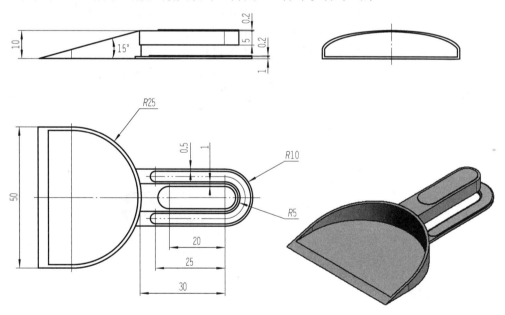

图 13-1　懒人簸箕图样和实体造型

步骤 1：启动 CAXA 3D 实体设计 2016 软件，新建文件。在设计元素库中拖入一个长方体图素到设计环境中，在"编辑包围盒"对话框中设置"长度：50，宽度：50，高度：50"，如图 13-2 所示。

步骤 2：再拖入一个圆柱体图素，放置于长方体上表面右侧棱边的中点，当其处于

智能图素编辑状态时，编辑其直径为 50，拖动其控制手柄，使圆柱体的上下表面分别与长方体图素的上下表面对齐，如图 13-3 所示。

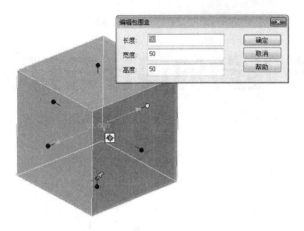

图 13-2　编辑长方体图素　　　　　　　　　图 13-3　编辑圆柱体图素

　　步骤 3：拖入一个孔类长方体图素到圆柱体图素的上表面中心点上，当其处于智能图素编辑状态时，拖动其控制手柄，使其前、后、左、右表面分别与圆柱体图素前、后、左、右表面对齐，然后右击其下方的控制手柄，编辑其尺寸为 40，如图 13-4 所示。

　　步骤 4：当孔类长方体图素处于智能图素编辑状态时，单击"三维球"工具按钮，激活三维球，锁定三维球的一外部手柄作为旋转轴，将孔类长方体旋转 345°，单击"确定"按钮，关闭三维球，如图 13-5 所示。

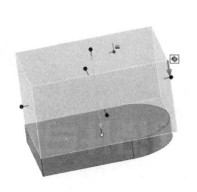
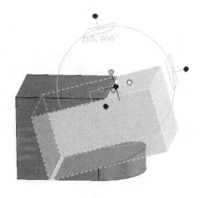

图 13-4　编辑孔类长方体图素　　　　　　　图 13-5　利用三维球调整位置

　　步骤 5：当孔类长方体图素处于智能图素编辑状态时，拖动其上方和下方尺寸，切除多余的实体，如图 13-6 所示。

　　步骤 6：拖入一个长方体图素，放置于圆柱下表面的右侧象限点上，在"编辑包围盒"对话框中设置"长：60，宽：20，高：1"，如图 13-7 所示。

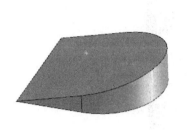

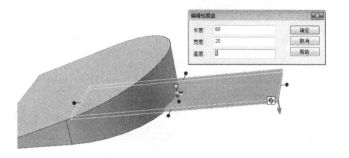

图 13-6　切除多余实体　　　　　　　　图 13-7　编辑长方体图素

步骤 7：拖入一个圆柱体图素，放置于长方体的上表面右棱边中点处，使其上、下表面与长方体的上、下表面对齐，编辑其尺寸，将直径设置为 20，如图 13-8 所示。

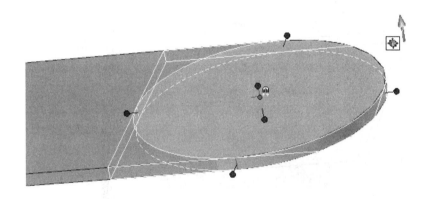

图 13-8　编辑圆柱体图素

步骤 8：选择"草图"命令，利用"二维草图"工具，选择步骤 7 生成的圆柱的上表面为绘制草图平面，用"投影"与"修剪"等命令，绘制图 13-9 所示的草图。

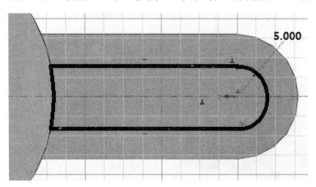

图 13-9　绘制二维草图截面

步骤 9：在设计树中右击草图，打开"生成"→"拉伸"子菜单，去除材料，完成槽特征的创建，如图 13-10 所示。

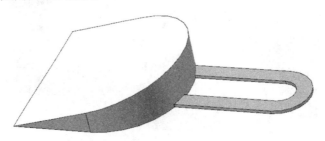

图 13-10　创建槽特征

步骤 10：选择"草图"命令，利用"二维草图"工具，选择步骤 9 创建的上表面为绘制草图平面。用"投影"与"修剪"等命令，绘制草图，如图 13-11 所示。

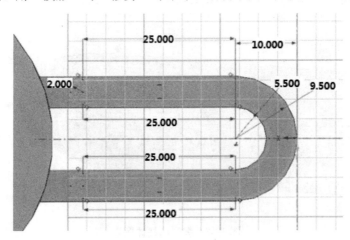

图 13-11　绘制二维草图截面

步骤 11：单击"完成草图"按钮，在设计树中右击草图，打开"生成"→"拉伸"子菜单，方式为增料，拉伸距离为 0.2，完成图 13-12 所示 U 形特征的创建。

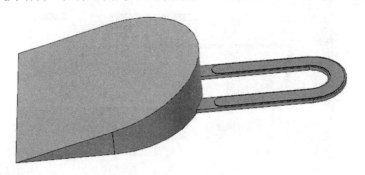

图 13-12　生成 U 形特征

步骤 12：选择"草图"命令，利用"二维草图"工具，选择步骤 5 生成实体的上表面为绘制草图平面。激活三维球，控制三维球操作手柄，使其与 U 形槽结构中的直线边相平行，如图 13-13 所示。

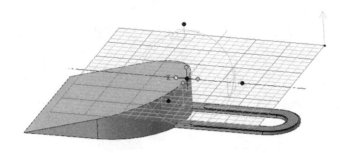

图 13-13　利用三维球调整位置

步骤 13：进入草图绘制，用"投影"与"修剪"等命令，绘制图 13-14 所示的草图。

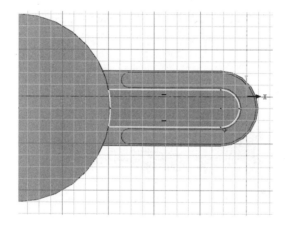

图 13-14　绘制二维草图

步骤 14：单击"完成草图"按钮，在设计树中右击草图，打开"生成"→"拉伸"子菜单，方式为增料，拉伸距离为 5，完成图 13-15 所示拉伸特征的创建，并使其上表面与主体特征上表面对齐。

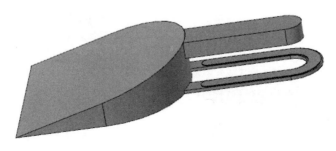

图 13-15　创建拉伸特征

步骤 15：选择"草图"命令，利用"二维草图"工具，选择步骤 14 生成的拉伸特征的上表面为绘制草图平面，绘制图 13-16 所示的二维草图。

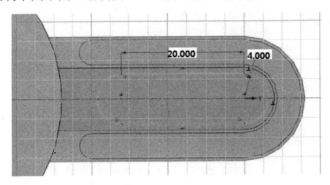

图 13-16　绘制二维草图

步骤 16：单击"完成草图"按钮，在设计树中右击草图，打开"生成"→"拉伸"子菜单，方式为增料，拉伸距离为 0.2，完成拉伸特征的创建，如图 13-17 所示。

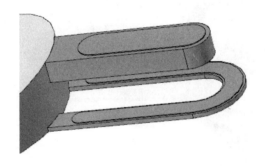

图 13-17　拉伸特征创建

步骤 17：选择"抽壳"命令，选择斜面为抽壳面，厚度为 1，抽壳完成效果如图 13-18 所示，保存文件。

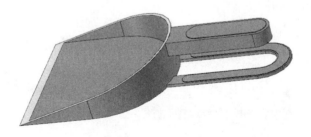

图 13-18　抽壳操作

步骤 18：将创建的 CAXA 造型文件，转换为.stl 格式的文件。在切片软件中，打开已转换的.stl 文件，设置坐标位置、打印比例、喷嘴温度、分层间距、支架选项等参数，生成打印代码。

步骤 19：将打印代码传输到打印机上，调整打印机的初始状态，装料，预热，开始打印。

步骤 20：去除支架，将打印好的产品取下，进行后期处理，完成打磨等操作，保证产品表面质量。

 习题演练场

1. 参考图 13-19 所示的肥皂盒造型，创意设计一款肥皂盒，尺寸自定，并用 3D 打印机打印出来。

图 13-19　肥皂盒造型

2. 参考图 13-20～图 13-22 所示的创意设计，自己设计一款有创意的生活用品，并用 3D 打印机打印出来。

图 13-20　创意衣架

图 13-21　创意餐具

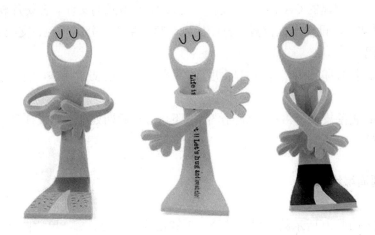

图 13-22   创意手机架

第 14 课
烟灰缸的设计与打印

新手训练营

按照图 14-1 所示的图样，完成烟灰缸实体造型，并用 3D 打印机打印出来。

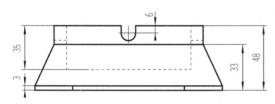

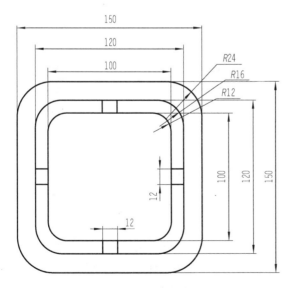

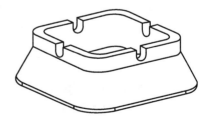

图 14-1　烟灰缸图样和实体造型

步骤 1：启动 CAXA 3D 实体设计 2016 软件，创建一个新的图形文件。

步骤 2：单击"放样"按钮 ，选择"放样"命令绘制二维草图，选择"新生成一个独立的零件"选项。在"放样特征"属性管理面板中的"选择的轮廓"下拉列表中选择"2D 草图"命令绘制二维草图，如图 14-2 所示。

图 14-2　选择 2D 草图

步骤 3：在"2D 草图"放置类型中选择"点"命令，在设计环境中放置该"点"，单击"确定"按钮，绘制烟灰缸的底部轮廓线。利用二维草图所提供的功能绘制烟灰缸的底部轮廓线，图形效果如图 14-3 所示。

步骤 4：选中绘制的草图，按【F10】键，显示三维球，右击三维球上下方向，在弹出的快捷菜单中选择"拷贝"命令，在"重复拷贝/链接"对话框中设置距离值为 30，单击"确定"按钮，如图 14-4 所示。

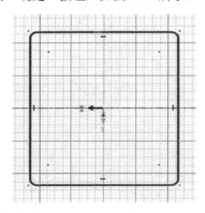

图 14-3　绘制烟灰缸底部轮廓线

图 14-4　复制轮廓草图

步骤 5：右击复制的草图，选择"编辑草图"命令，将原图修改为图样要求的尺寸，图形效果如图 14-5 所示。单击"完成"按钮 ✓，完成二维草图的绘制。按【Ctrl】键的同时选择两个草图，右击，在弹出的快捷菜单中选择"放样"命令，如图 14-6 所示。在"生成放样"对话框中勾选"实体"和"独立零件"两个单选按钮，然后单击"确定"

按钮，如图14-7所示。

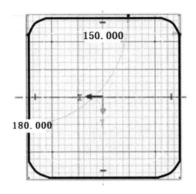

图 14-5 编辑复制的草图

图 14-6 选择"放样"命令

图 14-7 "生成放样"对话框

步骤6：在生成的放样实体特征图形中，单击选择实体图形的上表面，右击该表面，在弹出的快捷菜单中选择"生成"→"拉伸"命令，如图 14-8 所示。在弹出的"创建拉伸特征"对话框中勾选"增料"单选按钮，勾选"方向"选项区域中的"距离"单选按钮，并设置其值为 15，单击"确定"按钮，如图 14-9 所示。

图 14-8　生成拉伸实体特征　　　　　　　图 14-9　"创建拉伸特征"对话框

步骤 7：用同样的方法为下表面作拉伸实体。单击选中下表面，右击该表面，在弹出的快捷菜单中选择"生成"→"拉伸"命令，在弹出的"创建拉伸特征"对话框中勾选"增料"单选按钮，距离改为 3，单击"确定"按钮，如图 14-10 所示。

步骤 8：将设计元素库中的"孔类长方体"拖至烟灰缸中心处，按【Shift】键拖动三维球上下方向，自动捕捉烟灰缸的上面；按【Ctrl】键的同时单击三维球的左右方向，输入数值为 100。用同样的方法改变孔类长方体的前后数值，单击三维球的下方改变高度值为 35。单击"完成"按钮 ✔，完成草图绘制，图形效果如图 14-11 所示。

图 14-10　拉伸实体特征　　　　　　　　图 14-11　编辑"孔类长方体"

步骤 9：单击"圆角过渡"按钮，在"过渡特征"属性管理面板中，选中"等半径"单选按钮，输入半径值为 12，如图 14-12 所示。单击需要圆角过渡的四个直角边，生成圆角过渡，图形效果如图 14-13 所示。

图 14-12　"过渡特征"属性管理栏　　　　图 14-13　生成圆角过渡特征

步骤 10：在"设计元素库"中将"孔类长方体"图素拖动到烟灰缸的上方正中央处，改变长方体孔的尺寸，按【Shift】键的同时单击三维球的上方，自动捕捉烟灰缸的上面，按【Ctrl】键的同时，单击三维球的左右方向，输入长度为 12；单击三维球的下方，输入高度值为 6。图形效果如图 14-14 所示。用同样的方法在烟灰缸的另两边挖出相同的长方体孔。

步骤 11：在设计元素库中将"孔类圆柱体"图素拖动到之前被挖掉的长方体孔的正中央处，改变圆柱体孔的直径，输入数值为 12。图形效果如图 14-15 所示。

图 14-14　编辑定位"孔类长方体"　　　　图 14-15　编辑"孔类圆柱体"

步骤 12：用同样的方法在烟灰缸的另两边挖出相同的圆柱孔，绘制完成烟灰缸实体造型，图形效果如图 14-16 所示。单击"保存"按钮 ，将文件保存在指定位置，文件名为"烟灰缸.ics"。

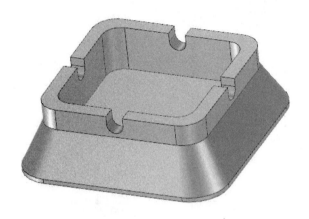

图 14-16　烟灰缸实体造型

步骤 13：将创建的 CAXA 造型文件，转换为.stl 格式的文件。在切片软件中，打开已转换的.stl 文件，设置坐标位置、打印比例、喷嘴温度、分层间距、支架选项等参数，生成打印代码。

步骤 14：将打印代码传输到打印机上，调整打印机的初始状态，装料，预热，开始打印。

步骤 15：去除支架，将打印好的产品取下，进行后期处理，完成打磨等操作，保证产品表面质量。

习题演练场

1．根据图 14-17 所示的烟灰缸实体造型，尺寸自定，用 CAXA 软件完成造型绘制并用 3D 打印机打印出来。

图 14-17　烟灰缸实体造型

2．根据图 14-18 所示的手机扣实体造型，尺寸自定，用 CAXA 软件完成造型绘制并用 3D 打印机打印出来。

图 14-18　手机扣实体造型

3．参考图 14-19、图 14-20 所示的几款创意设计，自己设计一款有创意的生活用品，并用 3D 打印机打印出来。

图 14-19　创意文具

图 14-20　创意吊钩

第15课

杯子的设计与打印

 新手训练营

完成图 15-1 所示的杯子实体的创建，并用 3D 打印机打印出来。

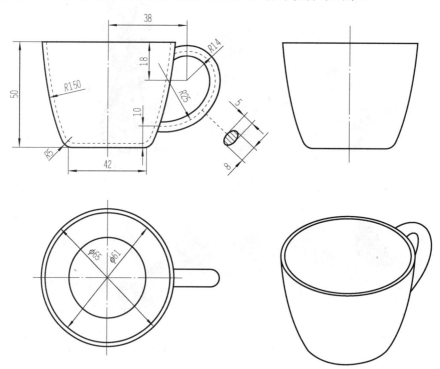

图 15-1　杯子图样

步骤 1：启动 CAXA 3D 实体设计 2016 软件，创建杯子主体。在"特征"功能面板

中单击"旋转"按钮🔄，进入草绘环境，绘制杯子旋转草图，如图 15-2 所示。检查完成后，在"草图/绘制"功能面板中单击"完成"按钮✓，生成图 15-3 所示的造型。

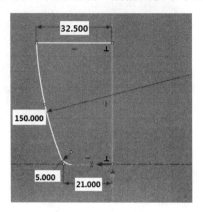

图 15-2　杯子主体草图

图 15-3　创建杯子主体

步骤 2：创建主体抽壳。单击"特征/修改"功能面板的"抽壳"按钮🔲，在弹出的对话框中，在默认方式"内部"的抽壳类型下，输入抽壳厚度为 2，如图 15-4 所示。选择杯子上表面为开口面，单击"确定"按钮✓，完成抽壳，如图 15-5 所示。

图 15-4　抽壳设置

图 15-5　创建主体抽壳

步骤 3：绘制手柄路径草图。选择"草图"→"二维草图"命令，绘制手柄的路径草图，如图 15-6 所示。绘制草图时，可根据尺寸 38 和 18 定位 R14 圆心，绘制 R14；用"两切点+一点"的方式绘制 R25 圆弧（分别与 R14 圆弧和与底面距离为 10 的直线相切），如图 15-6（a）所示；用"投影"命令投影出杯子内壁的轮廓线，然后将多余的线修剪后如图 15-6（b）所示。

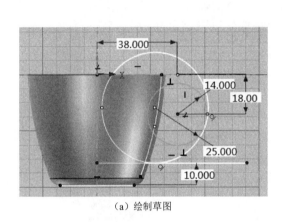
（a）绘制草图

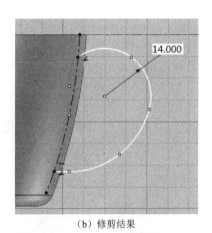
（b）修剪结果

图 15-6　绘制手柄路径草图

步骤 4：绘制手柄截面草图。为方便草图定位，将杯子主体的显示模式设置为"线框"，选择"草图"→"二维草图"命令，选择路径草图下部端点为草图的定位点，如图 15-7（a）所示，绘制截面草图如图 15-7（b）所示。

（a）截面草图定位

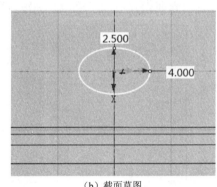
（b）截面草图

图 15-7　绘制手柄截面草图

步骤 5：创建手柄。在路径草图上右击，在弹出的快捷菜单中，选择"生成"→"提取 3D 曲线"命令，将路径草图设置为 3D 曲线，如图 15-8 所示。然后在截面草图上右击，在弹出的快捷菜单中选择"生成"→"扫描"命令，如图 15-9 所示。在弹出的"创建扫描特征"对话框中，勾选"实体""增料"和"三维导动线"三个单选按钮，如图 15-10 所示，选择杯子主体，在杯子主体上增料生成手柄，单击"确定"按钮，选择路径 3D 曲线为导动线，如图 15-11 所示。完成后，生成的手柄实体如图 15-12 所示。

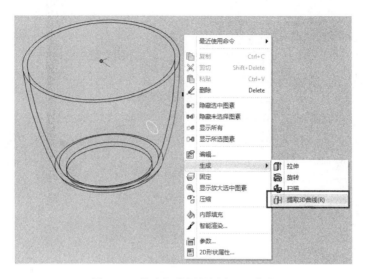

图 15-8　将路径草图设置为 3D 曲线

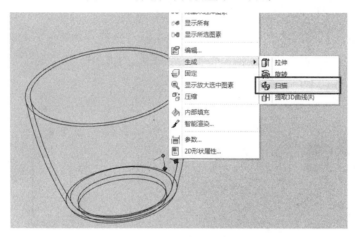

图 15-9　在截面草图上右击选择扫描特征

图 15-10　"创建扫描特征"对话框

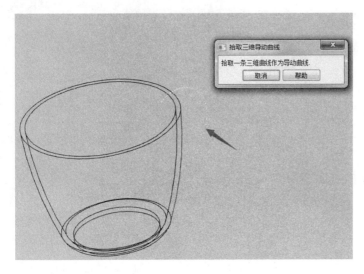

图 15-11　选择路径 3D 曲线为导动线　　　　　图 15-12　创建手柄

步骤 6：修改杯子。手柄在杯子内壁上的部分不光滑，需要进行修改处理。在设计树上，将"抽壳"特征移到"扫描"特征之后即可，如图 15-13 所示。完成杯子的实体造型，如图 15-14 所示，保存文件。

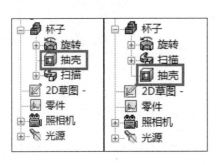

图 15-13　将抽壳特征移到扫描特征之后　　　　图 15-14　移动后结果

步骤 7：将创建的 CAXA 造型文件，转换为.stl 格式的文件。在切片软件中，打开已转换的.stl 文件，设置坐标位置、打印比例、喷嘴温度、分层间距、支架选项等参数，生成打印代码。

步骤 8：将打印代码传输到打印机上，调整打印机的初始状态，装料，预热，开始打印。

步骤 9：去除支架，将打印好的产品取下，进行后期处理，完成打磨等操作，保证产品表面质量，3D 打印出的效果如图 15-15 所示。

图 15-15　3D 打印的杯子模型

 习题演练场

1. 参考图 15-16 所示的创意水杯造型，尝试自己设计一款创意水杯，并用 3D 打印机打印出来。

图 15-16　创意水杯

2. 根据图 15-17 所示的饮水机开关实体造型，尺寸自定，用 CAXA 软件完成造型绘制并用 3D 打印机打印出来。

图 15-17　饮水机开关实体造型

第 16 课

台灯的设计与打印

 新手训练营

参考图 16-1 所示的台灯模型，完成台灯三维建模设计，并用 3D 打印机打印出来。

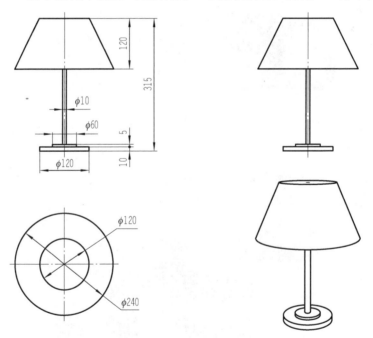

图 16-1 台灯模型

步骤 1：启动 SketchUp Pro 2017，如图 16-2 所示。在欢迎界面上单击"选择模板"按钮，在模板下拉列表中选择"3D 打印-毫米"选项，如图 16-3 所示。单击"开始使用 SketchUp"按钮，进入操作界面，如图 16-4 所示。

图 16-2　SketchUp Pro 2017 欢迎界面

图 16-3　选择 SketchUp 模板

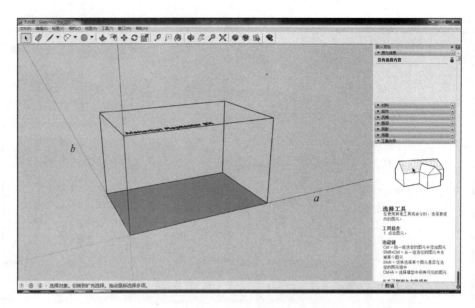

图 16-4　"3D 打印-毫米"模板操作界面

步骤 2：选择操作界面正中的"3D 打印机构造体积"，右击，在弹出的快捷菜单中选择"隐藏"命令，如图 16-5 所示。单击"使用入门"工具栏中的"形状/圆"工具按钮 ⬤ ，移动光标至红绿轴（图 16-4 中 a、b 轴，后同）交汇处，按住鼠标左键不放，向右上方移动光标，在右下角的"半径"文本框中输入"60"，按【Enter】键结束，同时松开左键，绘制完成图 16-6 所示的圆。

图 16-5　快捷菜单

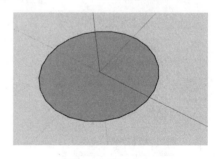

图 16-6　绘制圆 1

步骤 3：单击"推/拉"工具按钮 ◆ ，移动光标至圆内，按住鼠标左键不放，向上移动光标，在右下角的"距离"文本框中输入"10"，然后按【Enter】键，同时松开左键，绘制完成图 16-7 所示的圆柱。

步骤 4：单击"偏移"工具按钮 ⬧ ，在右下角的"距离"文本框中输入"30"，将选中的圆向内偏移，如图 16-8 所示。

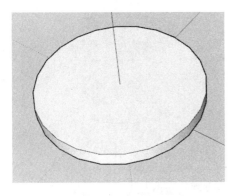

图 16-7 绘制圆柱 1

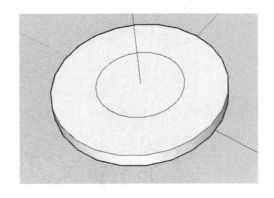

图 16-8 偏移复制圆 1

步骤 5：单击"推/拉"工具按钮 ，移动光标至步骤 4 生成的圆内，按住鼠标左键不放，向上移动光标，在右下角的"距离"文本框中输入"5"，然后按【Enter】键，同时松开左键，绘制完成图 16-9 所示的圆柱。

步骤 6：单击"偏移"工具按钮 ，在右下角的"距离"文本框中输入"25"，选中步骤 5 生成的圆柱顶面的圆向内偏移，如图 16-10 所示。

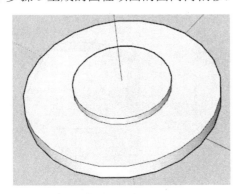

图 16-9 绘制圆柱 2

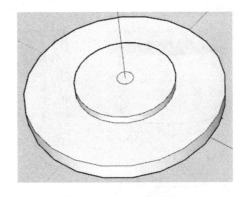

图 16-10 偏移复制圆 2

步骤 7：单击"推/拉"工具按钮 ，移动光标至步骤 6 生成的圆内，按住鼠标左键不放，向上移动光标，在右下角的"距离"文本框中输入"300"，然后按【Enter】键，同时松开左键，绘制完成图 16-11 所示的灯杆。

步骤 8：单击"形状/圆"工具按钮 ，移动光标至步骤 7 生成的灯杆顶面圆心处，按住鼠标左键不放，向右上方移动光标，在右下角的"半径"文本框中输入"120"，然后按【Enter】键，同时松开左键，绘制完成图 16-12 所示的圆。

步骤 9：单击"推/拉"工具按钮 ，移动光标至步骤 8 生成的圆内，按住鼠标左键不放，向下移动光标，在右下角的"距离"文本框中输入"120"，然后按【Enter】键，同时松开左键，完成效果如图 16-13 所示。

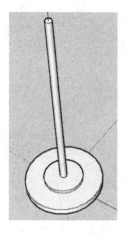

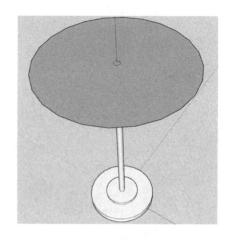

图 16-11　绘制灯杆　　　　　　　　　　　图 16-12　绘制圆 2

步骤 10：单击"缩放"工具按钮，选择步骤 9 生成的圆柱顶面，按住【Ctrl】键的同时用鼠标右键按住如图 16-14 所示的角点，向内拖动，松开【Ctrl】键，在右下角的"比例"文本框中输入"0.5"，然后按【Enter】键，同时松开左键，绘制完成图 16-15 所示的灯罩。

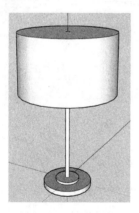

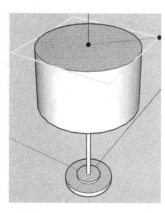

图 16-13　绘制圆柱　　　　　图 16-14　拉伸缩放面　　　　　图 16-15　绘制灯罩

步骤 11：单击"选择"工具按钮，选中灯罩的底面，如图 16-16 所示。然后在"编辑"下拉菜单中选择"删除"命令，删除底面，完成效果如图 16-17 所示。

步骤 12：单击"材质"工具按钮，在右侧弹出的"材料"属性管理面板中，给台灯添加一些漂亮的材质，如图 16-18 所示，最终效果如图 16-19 所示。

步骤 13：将创建的 SketchUp 造型文件，转换为.stl 格式的文件。在切片软件中，打开已转换的.stl 文件，设置坐标位置、打印比例、喷嘴温度、分层间距、支架选项等参数，生成打印代码。

步骤 14：将打印代码传输到打印机上，调整打印机的初始状态，装料，预热，开始打印。

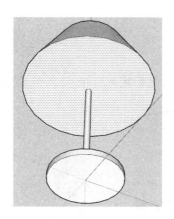

图 16-16　选择灯罩底面

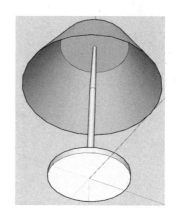

图 16-17　删除面

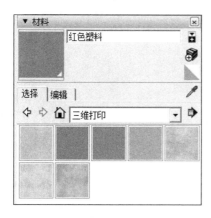

图 16-18　材料库

图 16-19　台灯效果

步骤 15：去除支架，将打印好的产品取下，进行后期处理，完成打磨等操作，保证产品表面质量。3D 打印出的效果如图 16-20 所示。

图 16-20　台灯 3D 打印效果

 **习题演练场**

根据图 16-21 所示的台灯模型，完成台灯设计，尺寸自定，并用 3D 打印机打印出来。

图 16-21　台灯模型

16

第 17 课

橱柜的设计与打印

 新手训练营

参考图 17-1 所示的橱柜模型，完成橱柜三维建模设计，并用 3D 打印机打印出来。

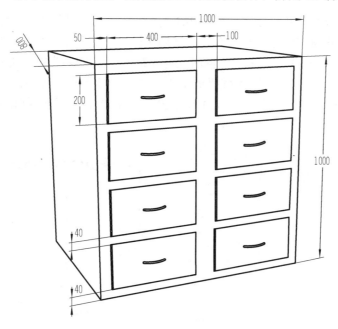

图 17-1　橱柜模型

步骤 1：启动 SketchUp Pro 2017，在欢迎界面上单击"选择模板"按钮，在模板下拉列表中选择"3D 打印-毫米"选项，单击"开始使用 SketchUp"按钮，进入操作界面。

步骤 2：选择操作界面正中的"3D 打印机构造体积"，右击，在弹出的快捷菜单中选择"隐藏"命令。选择"窗口"→"模型信息"选项，弹出"模型信息"对话框，在左侧列表框中选择"单位"命令，按照图 17-2 所示设置单位精确度"0mm"。

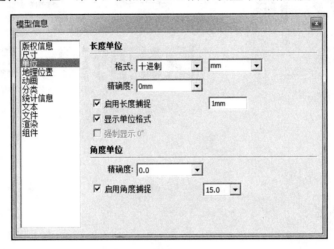

图 17-2　"模型信息"对话框

步骤 3：单击"使用入门"工具栏中的"形状/矩形"工具按钮▓，移动光标至红绿轴交汇处，按住鼠标左键不放，向右上方移动光标，在右下角的"距离"文本框中输入"1000，800"，然后按【Enter】键，同时松开左键，绘制完成图 17-3 所示的矩形。

步骤 4：单击"推/拉"工具按钮◆，移动光标至矩形内，按住鼠标左键不放，向上移动光标，在右下角的"距离"文本框中输入"1000"，然后按【Enter】键，同时松开左键，完成图 17-4 所示的长方体绘制。

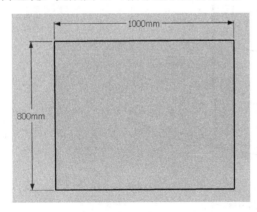

图 17-3　绘制矩形 1

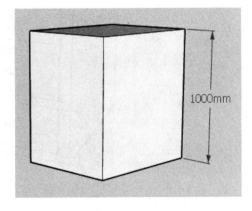

图 17-4　推拉矩形

步骤 5：利用"卷尺"工具▱和"形状/矩形"工具▓，根据图 17-5 所示的尺寸，绘制完成矩形。单击"推/拉"工具按钮◆，移动光标至矩形内，按住鼠标左键不放，向外移动光标，在右下角的"距离"文本框中输入"10"，然后按【Enter】键，同时松开左键，完成绘制。

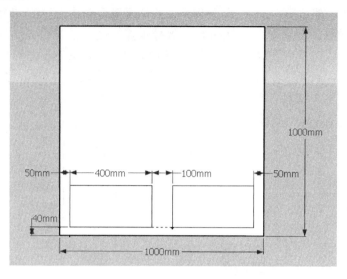

图 17-5　绘制矩形 2

步骤 6：利用"卷尺"工具 🖉 和"圆弧/两点圆弧"工具 ▱，根据图 17-6 所示的尺寸，绘制完成圆弧。单击"形状/圆"工具按钮 ⬤，绘制图 17-7 所示的半径为 3mm 的圆弧。

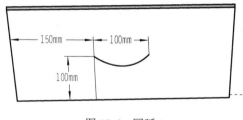

图 17-6　圆弧 1

图 17-7　绘制圆弧 2

步骤 7：单击"编辑"工具栏的"路径跟随"工具按钮 🍩，选择圆作为"要挤压的平面"，然后沿着圆弧移动光标，将圆弧作为路径，生成图 17-8 所示的抽屉把手。

步骤 8：单击"选择"工具按钮 ▸，选择抽屉把手，然后单击"编辑"工具栏的"移动"工具按钮 ✛，同时按住【Ctrl】键，将抽屉把手向右复制，如图 17-9 所示。

图 17-8　路径跟随生成抽屉把手

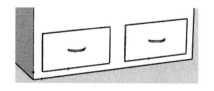

图 17-9　移动复制抽屉把手

17

步骤 9：单击"选择"工具按钮 ↖，选择两个抽屉，打开"编辑"主菜单，在下拉子菜单中选择"创建群组"命令，将制作完成的抽屉模型创建为群组，如图 17-10 所示。

步骤 10：单击"选择"工具按钮 ↖，选择步骤 9 生成的群组，然后单击"编辑"工具栏的"移动"工具按钮 ✛，同时按住【Ctrl】键，选择最左下角的角点作为移动基点，将抽屉模型向上复制，在右下角的"距离"文本框中输入"240"，然后再在右下角的"距离"文本框中输入"*3"，绘制完成图 17-11 所示的阵列。

图 17-10　创建群组

图 17-11　阵列抽屉

步骤 11：单击"材质"工具按钮 🎨，在右侧出现的"材料"属性管理面板中，给橱柜添加一些漂亮的材质，如图 17-12 所示，最终效果如图 17-13 所示。

如果抽屉把手和抽屉的面板要选择不同的材料，因为抽屉原先创建为群组，需要选中抽屉后，右击，在弹出的快捷菜单中选择"炸开模型"命令，才能给抽屉把手和面板添加不同材质。

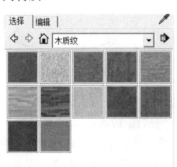

图 17-12　材料库

图 17-13　橱柜效果

步骤 12：将创建的 SketchUp 造型文件转换为.stl 格式的文件。在切片软件中，打开已转换的.stl 文件，设置坐标位置、打印比例、喷嘴温度、分层间距、支架选项等参数，生成打印代码。

步骤 13：将打印代码传输到打印机上，调整打印机的初始状态，装料，预热，开始打印。

步骤 14：去除支架，将打印好的产品取下，进行后期处理，完成打磨等操作，保证产品表面质量。3D 打印出的效果如图 17-14 所示。

图 17-14　橱柜的 3D 打印效果图

习题演练场

根据图 17-15 所示的欧式橱柜模型，完成橱柜设计，尺寸自定，并用 3D 打印机打印出来。

图 17-15　欧式橱柜模型

第 18 课 小飞机的设计与打印

 新手训练营

参考图 18-1 所示的小飞机模型，完成小飞机三维建模设计，并用 3D 打印机打印出来。

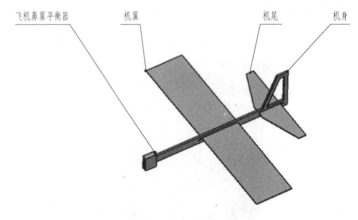

图 18-1　小飞机模型

机身设计

按照图 18-2 所示的机身图样尺寸，完成图 18-3 所示的小飞机机身的设计。

步骤 1：启动 SketchUp Pro 2017，在欢迎界面上单击"选择模板"按钮，在模板下拉列表中选择"3D 打印-毫米"选项，单击"开始使用 SketchUp"按钮，进入操作界面。

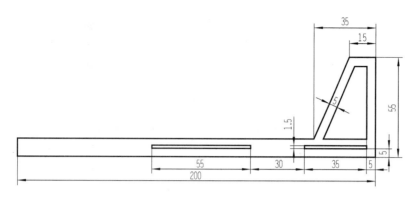

图 18-2　机身尺寸

图 18-3　机身模型

步骤 2：打开"相机"主菜单，在下拉子菜单中选择"标准视图"→"前视图"命令，显示图 18-4 所示的视角。

步骤 3：单击"使用入门"工具栏中的"形状/矩形"工具按钮，移动光标至红蓝轴交汇处，按住鼠标左键不放，向右上方移动光标，在右下角的"距离"文本框中输入"200，55"，然后按【Enter】键，同时松开左键，绘制完成图 18-5 所示的矩形。

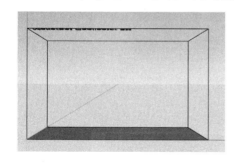

图 18-4　前视图视角

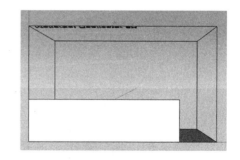

图 18-5　绘制矩形

步骤 4：单击"充满视窗"工具按钮，使矩形几乎撑满整个屏幕。

步骤 5：单击"卷尺"工具按钮，光标移至矩形左下角点，按住鼠标左键不放，笔直向上移动光标，在右下角的"距离"文本框中输入"10"，然后按【Enter】键，同时松开左键，标记第 1 个参考点，如图 18-6 所示。

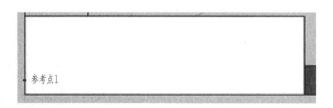

图 18-6　标记第 1 个参考点

步骤 6：按照步骤 5 的方法，标记另外四个参考点，如图 18-7 所示。

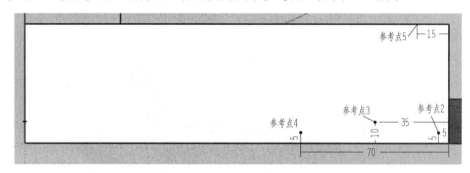

图 18-7　标记其余参考点

步骤 7：单击"直线"工具按钮 ✐，找到参考点 5，按住鼠标左键不放，移动光标至参考点 3，绘制完成直线连接。按照以上方法绘制完成图 18-8 所示的直线连接。

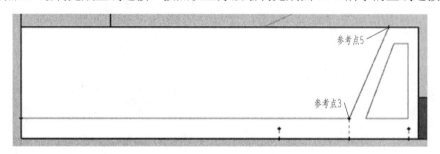

图 18-8　绘制连接直线

步骤 8：单击"形状/矩形"工具按钮 ▦，移动光标至参考点 2，按住鼠标左键不放，向左下方移动光标，在右下角的"尺寸"文本框中输入"35，1.5"，然后按【Enter】键，同时松开左键。按照同样的方法，移动光标至参考点 4，按住鼠标左键不放，同时向左下方移动光标，在右下角的"尺寸"文本框中输入"55，1.5"，然后按【Enter】键，同时松开左键，绘制完成图 18-9 所示的两个矩形。

步骤 9：单击"选择"工具按钮 ▸，选中图 18-10 所示要删除的区域，然后在"编辑"下拉菜单中选择"删除"命令。按照同样的方法，删除步骤 8 生成的两个矩形内部区域。完成效果如图 18-11 所示。

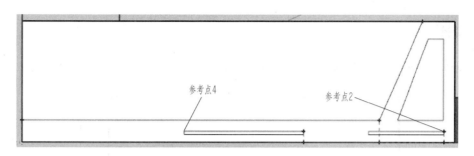

图 18-9 绘制矩形

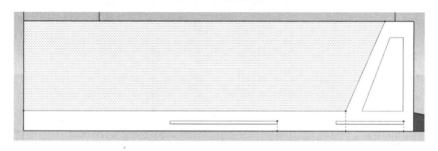

图 18-10 选中删除区域

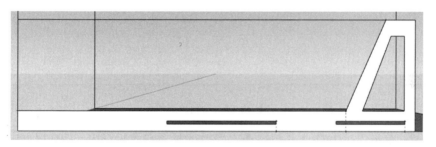

图 18-11 删除完成效果

步骤 10：单击"推/拉"工具按钮 ，移动光标至白色机身内，按住鼠标左键不放，向上移动光标，在右下角的"距离"文本框中输入"2.5"，然后按【Enter】键，同时松开左键，绘制完成图 18-12 所示的机身。

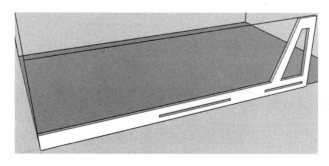

图 18-12 机身造型

机翼设计

按照图 18-13 所示的机翼图样尺寸，完成小飞机机翼的绘制。

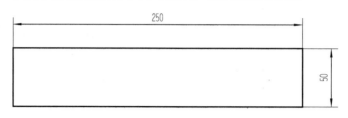

图 18-13　机翼尺寸

步骤 1：在"文件"下拉菜单中选择"新建"命令，新建一个文件。打开"相机"主菜单，在下拉菜单中选择"标准视图"→"前视图"命令。单击工具栏中的"形状/矩形"工具按钮▨，然后移动光标至红蓝轴交汇处，按住鼠标左键不放，向右上方移动光标，在右下角的"尺寸"文本框中输入"250，50"，然后按【Enter】键，同时松开左键，绘制完成图 18-14 所示的矩形。

图 18-14　绘制矩形

步骤 2：单击"推/拉"工具按钮◆，移动光标至白色矩形内，按住鼠标左键不放，向上移动光标，在右下角的"距离"文本框中输入"0.6"，然后按【Enter】键，同时松开左键，绘制完成图 18-15 所示的机翼。

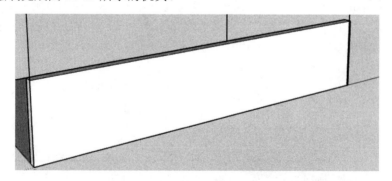

图 18-15　机翼造型

机尾设计

按照图18-16所示的机尾图样尺寸，完成小飞机机尾的绘制。

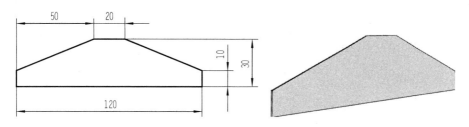

图18-16　机尾尺寸

步骤1：在"文件"下拉菜单中选择"新建"选项，新建一个文件。打开"相机"主菜单，在下拉菜单中选择"标准视图"→"前视图"命令。单击工具栏中的"形状/矩形"工具按钮▦，然后移动光标至红蓝轴交汇处，按住鼠标左键不放，向右上方移动光标，在右下角的"尺寸"文本框中输入"120，30"，然后按【Enter】键，同时松开左键，完成矩形绘制。

步骤2：单击"卷尺"工具按钮🖉，根据图18-17所示的尺寸，标记四个参考点。

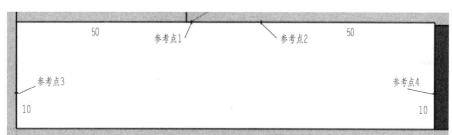

图18-17　标记参考点

步骤3：单击"直线"工具按钮✏，绘制完成图18-18所示的连接直线。

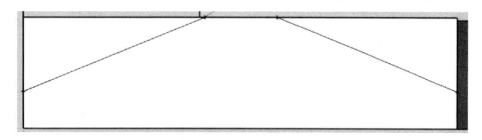

图18-18　绘制连接直线

步骤4：单击"选择"工具按钮➤，选中图18-19所示要删除的区域，选择"编辑"→"删除"命令。按照同样的方法，删除另一侧三角形内部区域。完成效果如图 18-20 所示。

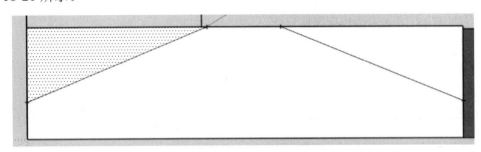

图 18-19　选中删除区域

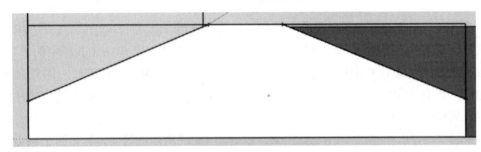

图 18-20　删除完成效果

步骤 5：单击"推/拉"工具按钮 ◈，移动光标至白色梯形内，按住鼠标左键不放，向上移动光标，在右下角的"距离"文本框中输入"0.6"，然后按【Enter】键，同时松开左键，完成机尾的绘制，如图 18-21 所示。

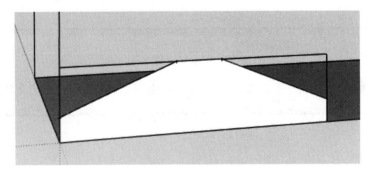

图 18-21　机尾造型

飞机鼻翼平衡器

按照图 18-22 所示的鼻翼平衡器图样尺寸和模型，完成小飞机鼻翼平衡器的设计。

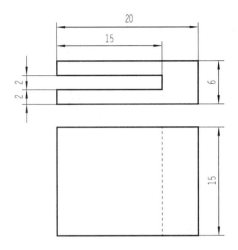

图 18-22　鼻翼平衡器尺寸和模型

步骤 1：选择"文件"→"新建"命令，新建一个文件。打开"相机"主菜单，在下拉菜单中选择"标准视图"→"前视图"命令。单击工具栏中的"形状/矩形"工具按钮▦，移动光标至红蓝轴交汇处，按住鼠标左键不放，向右上方移动光标，在右下角的"尺寸"文本框中输入"20，6"，然后按【Enter】键，同时松开左键，完成矩形的绘制。

步骤 2：单击"卷尺"工具按钮 🖉，光标移至矩形左下角点，按住鼠标左键不放，笔直向上移动光标，在右下角的"距离"文本框中输入"2"，然后按【Enter】键，同时松开左键，标记参考点，如图 18-23 所示。

步骤 3：单击工具栏中的"形状/矩形"工具按钮▦，移动光标至参考点，按住鼠标左键不放，同时向右上方移动光标，在右下角的"尺寸"文本框中输入"15，2"，然后按【Enter】键，同时松开左键，绘制完成图 18-24 所示的矩形。

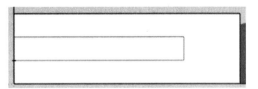

图 18-23　标记参考点　　　　　　　　　图 18-24　绘制矩形

步骤 4：单击"选择"工具按钮 ▸，选中图 18-25 所示要删除的区域，选择"编辑"→"删除"命令。

步骤 5：单击"推/拉"工具按钮 ♦，移动光标至白色区域内，按住鼠标左键不放，向上移动光标，在右下角的"距离"文本框中输入"15"，然后按【Enter】键，同时松开左键，绘制完成图 18-26 所示的飞机鼻翼平衡器。

18

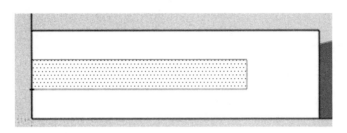

图 18-25　选中删除区域

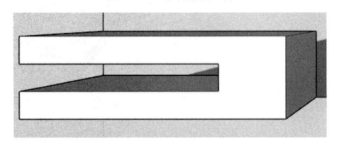

图 18-26　飞机鼻翼平衡器造型

3D 打印小飞机

步骤 1：将创建的 SketchUp 造型文件转换为.stl 格式的文件。在切片软件中，打开已转换的.stl 文件，设置坐标位置、打印比例、喷嘴温度、分层间距、支架选项等参数，生成打印代码。

步骤 2：将打印代码传输到打印机上，调整打印机的初始状态，装料，预热，开始打印。

步骤 3：去除支架，将打印好的产品取下，进行后期处理，完成打磨等操作，保证产品表面质量。

步骤 4：将打印出的小飞机各个部件装配起来，效果如图 18-27 所示。

图 18-27　小飞机 3D 打印效果

习题演练场

　　设计完成图 18-28 所示的橡皮筋动力小汽车模型，并用 3D 打印机打印出来，各个部件的尺寸如图 18-29～图 18-31 所示。

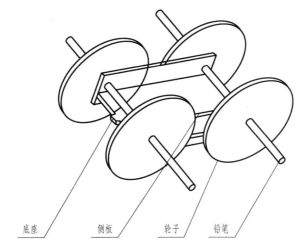

底座　　　侧板　　　轮子　　　铅笔

图 18-28　橡皮筋动力小汽车模型

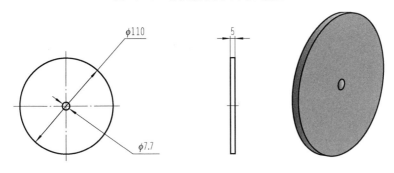

图 18-29　轮子尺寸和模型

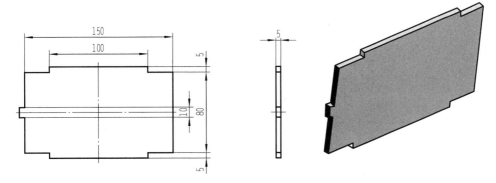

图 18-30　底座尺寸和模型

18

137

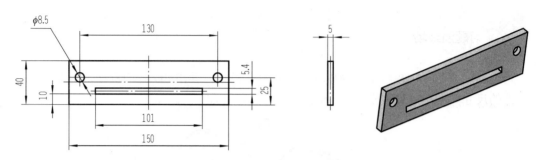

图 18-31　侧板尺寸和模型

第19课 小房子的设计与打印

新手训练营

参考图 19-1 所示的小房子模型，完成小房子三维建模设计，并用 3D 打印机打印出来。

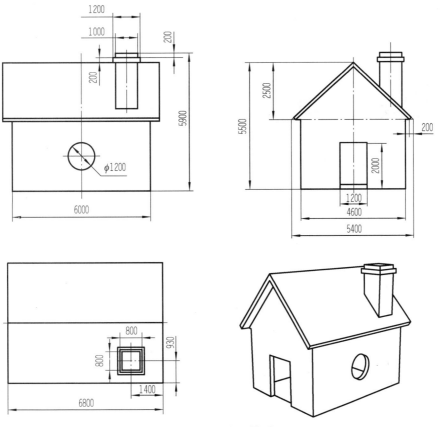

图 19-1 小房子模型

步骤1：启动 SketchUp Pro 2017，在欢迎界面上单击"选择模板"按钮，在模板下拉列表中选择"建筑设计-毫米"选项，如图 19-2 所示，单击"开始使用 SketchUp"按钮，进入操作界面，如图 19-3 所示。

图 19-2　SketchUp 模板

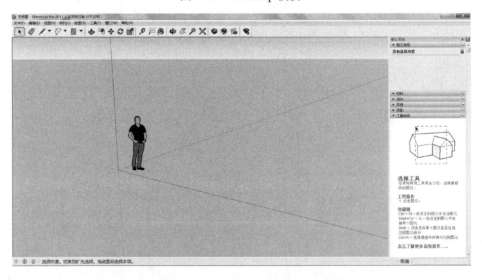

图 19-3　"建筑设计-毫米"操作界面

步骤 2：打开"相机"菜单，选择"标准视图"→"等轴视图"命令。单击"使用入门"工具栏中的"形状/矩形"工具按钮▣，然后移动光标至红绿轴交汇处，按住鼠标左键不放，向右上方移动光标，在右下角的"尺寸"文本框中输入"5000，6000"，然后按【Enter】键，同时松开左键，绘制完成图 19-4 所示的矩形。

步骤 3：单击"推/拉"工具按钮◈，移动光标至矩形内，按住鼠标左键不放，向上移动光标，在右下角的"距离"文本框中输入"3000"，然后按【Enter】键，同时松开左键，完成图 19-5 所示的长方体绘制。

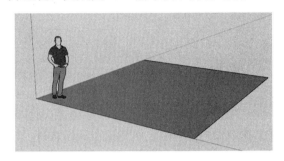

图 19-4　绘制矩形

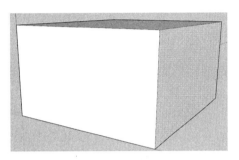

图 19-5　绘制长方体

步骤 4：单击"直线"工具按钮✏，在步骤 3 生成的长方体顶面捕捉中点绘制一条中心线，如图 19-6 所示。

步骤 5：单击"选择"工具按钮▶，选中步骤 4 绘制的中心线，然后单击"移动"工具按钮✛，按住鼠标左键，将中心线沿蓝轴向上拖动，在右下角的"距离"文本框中输入"2500"，然后按【Enter】键，同时松开左键，完成图 19-7 所示的房顶绘制。

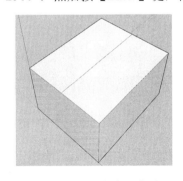

图 19-6　绘制中心线

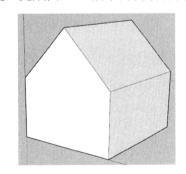

图 19-7　绘制房顶

步骤 6：单击"推/拉"工具按钮◈，移动光标至房顶白色区域内，按住鼠标左键不放，向外移动光标，在右下角的"距离"文本框中输入"200"，然后按【Enter】键，同时松开左键。另一边房顶也重复同样操作，完成图 19-8 所示的绘制。

步骤 7：单击"推/拉"工具按钮◈，移动光标至图 19-8 所示的房子立面区域内，按住鼠标左键，向内移动光标，在右下角的"距离"文本框中输入"200"，然后按【Enter】键，同时松开左键。另一边立面也重复同样操作，完成图 19-9 所示的房体绘制。

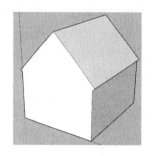

图 19-8　绘制房顶两面

图 19-9　绘制房体

步骤 8：单击"选择"工具按钮 ↖，同时按住【Ctrl】键，选择房顶两条边，单击"偏移"工具按钮 ⊙，在右下角的"距离"文本框中输入"200"，将选中的两条边向内偏移，如图 19-10 所示。

步骤 9：单击"推/拉"工具按钮 ◆，移动光标至偏移直线的区域内，按住鼠标左键，向外移动光标，在右下角的"距离"文本框中输入"400"，然后按【Enter】键，同时松开左键，完成图 19-11 所示的房顶绘制。

步骤 10：利用相同的方法，对另一面的房顶也进行偏移和推拉操作，完成效果如图 19-12 所示。

步骤 11：单击"选择"工具按钮 ↖，选择图 19-13 所示的参考线段，右击，在弹出的快捷菜单中选择"拆分"命令，在"段"文本框中输入"3"。

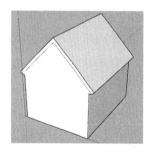

图 19-10　偏移复制面

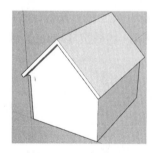

图 19-11　推拉房顶面

图 19-12　房顶效果

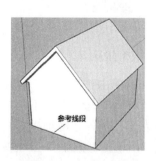

图 19-13　拆分线段

19

步骤 12：单击"直线"工具按钮 ✐，在步骤 11 被拆分的线段上捕捉点，绘制一个如图 19-14 所示的高 2000 的房门。

步骤 13：单击"推/拉"工具按钮 ◆，移动光标至房门的区域内，按住鼠标左键，向内移动光标，在右下角的"距离"文本框中输入"200"，然后按【Enter】键，同时松开左键，完成图 19-15 所示的房门效果绘制。

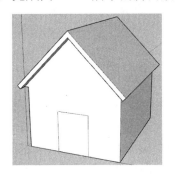

图 19-14　绘制房门

图 19-15　推拉房门

步骤 14：单击"选择"工具按钮 ▸，选中步骤 13 生成的推拉面，选择"编辑"→"删除"命令，删除推拉面，完成效果如图 19-16 所示，可以看到房子的内部空间。

步骤 15：单击"形状/圆"工具按钮 ●，在图 19-17 所示的位置画一个半径为 600 的圆。

图 19-16　删除推拉面

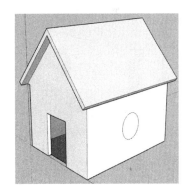

图 19-17　绘制圆

步骤 16：单击"推/拉"工具按钮 ◆，移动光标至圆的区域内，按住鼠标左键，向内移动光标，在右下角的"距离"文本框中输入"200"，然后按【Enter】键，同时松开左键，完成效果如图 19-18 所示。

步骤 17：单击"选择"工具按钮 ▸，选中步骤 16 生成的推拉面，选择"编辑"→"删除"命令，删除推拉面，完成效果如图 19-19 所示。

图 19-18　推拉圆

图 19-19　圆窗效果

步骤 18：单击"直线"工具按钮 ✐，在房顶面上绘制一条如图 19-20 所示的直线。

步骤 19：与蓝轴对齐，向上绘制一条长度为 2000 的直线。与绿轴对齐，绘制一条长度为 1000 的直线。将直线垂直连接，绘制完成一个如图 19-21 所示的烟囱面。

步骤 20：与红轴对齐，继续绘制一条长度为 1000 的直线。与蓝轴对齐，绘制直线，将直线连接，形成另一个烟囱面，如图 19-22 所示。

步骤 21：用同样的方法，绘制烟囱的另一面并连接直线，形成烟囱的封闭面，如图 19-23 所示。

图 19-20　绘制直线

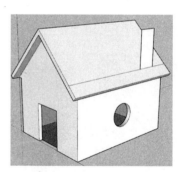

图 19-21　绘制烟囱面 1

图 19-22　绘制烟囱面 2

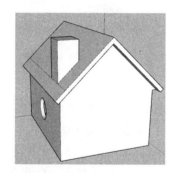

图 19-23　封闭烟囱面

步骤 22：单击"选择"工具按钮 ，选择烟囱顶面，单击"偏移"工具按钮 ，在右下角的"距离"文本框中输入"100"，将选中的烟囱顶面向外偏移，如图 19-24 所示。

步骤 23：单击"推/拉"工具按钮 ，移动光标至偏移面的区域内，按住鼠标左键，向上移动光标，在右下角的"距离"文本框中输入"200"，然后按【Enter】键，同时松开左键，完成效果如图 19-25 所示。

图 19-24　偏移复制烟囱顶面

图 19-25　推拉效果图

步骤 24：单击"推/拉"工具按钮 ，移动光标至长方形区域内，按住鼠标左键，向上移动光标，在右下角的"距离"文本框中输入"400"，然后按【Enter】键，同时松开左键，完成效果如图 19-26 所示。

步骤 25：单击"擦除"工具按钮 ，擦除多余线条。单击"选择"工具按钮 ，选中烟囱顶面，选择"编辑"→"删除"命令，删除烟囱顶面，完成效果如图 19-27 所示。

图 19-26　推拉面

图 19-27　删除多余线和烟囱顶面

步骤 26：单击"材质"工具按钮 ，在右侧出现的"材料"属性管理面板中，给小房子添加一些漂亮的材质，如图 19-28、图 19-29 所示，最终效果如图 19-30 所示。

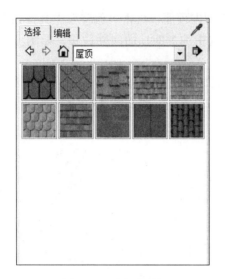

图 19-28　屋顶材料

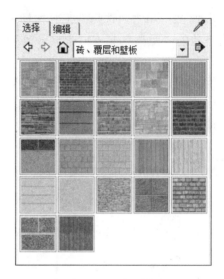

图 19-29　墙面材料

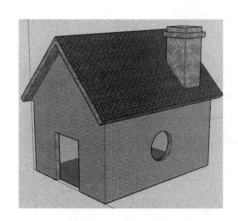

图 19-30　小房子效果

步骤27：将创建的 SketchUp 造型文件转换为.stl 格式的文件。在切片软件中，打开已转换的.stl 文件，设置坐标位置、打印比例、喷嘴温度、分层间距、支架选项等参数，生成打印代码。

步骤28：将打印代码传输到打印机上，调整打印机的初始状态，装料，预热，开始打印。

步骤29：去除支架，将打印好的产品取下，进行后期处理，完成打磨等操作，保证产品表面质量。3D 打印出的效果如图 19-31 所示。

图 19-31　小房子 3D 打印效果图

习题演练场

根据图 19-32 所示的别墅模型，完成别墅绘制，尺寸自定，并用 3D 打印机打印出来。

图 19-32　别墅模型

第 20 课 欧式凉亭的设计与打印

 新手训练营

参考图 20-1 所示的欧式凉亭的模型，完成欧式凉亭三维建模绘制，并用 3D 打印机打印出来。

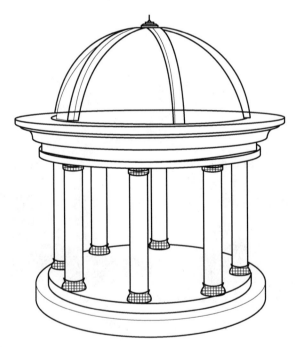

图 20-1　欧式凉亭的模型

步骤 1：启动 SketchUp Pro 2017，在欢迎界面上单击"选择模板"按钮，在下拉列表中选择"建筑设计–毫米"选项，单击"开始使用 SketchUp"按钮，进入操作界面。

单击"形状/圆"工具按钮 ⊙，移动光标至红绿轴交汇处，按住鼠标左键，向右上方移动光标，在右下角的"距离"文本框中输入"2125"，然后按【Enter】键，同时松开左键，绘制完成图 20-2 所示半径为 2125 的圆形平面。

步骤 2：单击"推/拉"工具按钮 ⬥，移动光标至圆形平面内，按住鼠标左键，向上移动光标，在右下角的"距离"文本框中输入"265"，然后按【Enter】键，同时松开左键，完成图 20-3 所示的圆柱绘制。

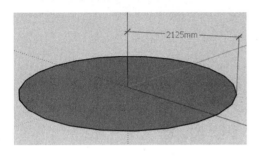 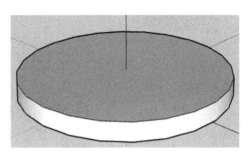

图 20-2　绘制圆形平面　　　　　　　　　　图 20-3　绘制圆柱

步骤 3：单击"选择"工具按钮 ▸，选择步骤 2 生成的圆柱顶面，单击"偏移"工具按钮 ⌒，在右下角的"距离"文本框中输入"275"，将选中的圆向内偏移，如图 20-4 所示。

步骤 4：单击"推/拉"工具按钮 ⬥，移动光标至步骤 3 生成的圆形平面内，按住鼠标左键，向上移动光标，在右下角的"距离"文本框中输入"175"，然后按【Enter】键，同时松开左键，完成图 20-5 所示的台阶绘制。

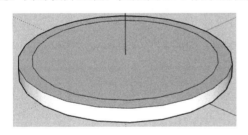 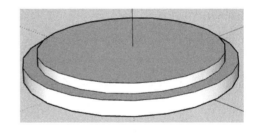

图 20-4　向内偏移圆　　　　　　　　　　　图 20-5　绘制台阶

步骤 5：单击"材质"工具按钮 ⊛，在右侧出现的"材料"属性管理面板中，给台阶赋予"石头"→"卡其色拉绒石材"材质，如图 20-6 所示，台阶效果如图 20-7 所示。

步骤 6：单击"形状/矩形"工具按钮 ▱，移动光标至步骤 4 生成的台阶顶面圆的端点处，按住鼠标左键，向右上方移动光标，在右下角的"尺寸"文本框中输入"195，133"，然后按【Enter】键，同时松开左键，绘制完成图 20-8 所示的矩形平面，并将其作为绘图平面。

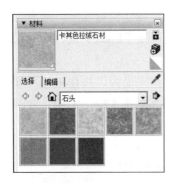

图 20-6　赋予台阶材质

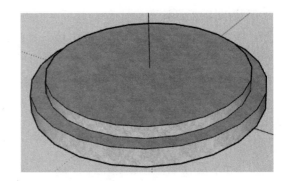

图 20-7　台阶效果图

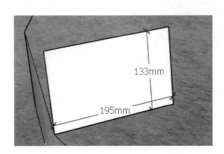

图 20-8　绘制矩形平面

步骤 7：使用"直线"工具 ✏ 和"圆弧"工具 ⬙，绘制支柱底部的细节截面，如图 20-9 所示。

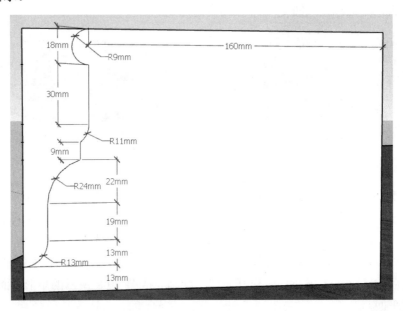

图 20-9　绘制支柱底部截面

步骤 8：单击“形状/圆”工具按钮 ⚫，以支柱底部截面为参考，绘制圆形平面，如图 20-10 所示。

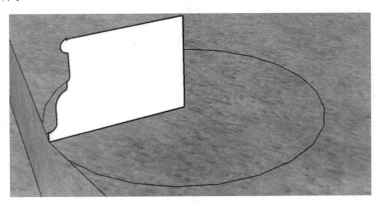

图 20-10　绘制圆形平面 1

步骤 9：单击“编辑”→“路径跟随”工具按钮 ，选择支柱底部截面作为要挤压的平面，然后沿着步骤 8 生成的圆形平面圆周移动光标，同时按住【Alt】键，将圆作为路径，如图 20-11 所示，生成支柱底部，如图 20-12 所示。

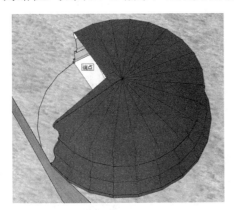

图 20-11　使用路径跟随工具

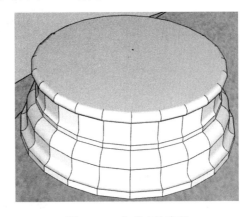

图 20-12　生成支柱底部

步骤 10：单击“形状/圆”工具按钮 ⚫，以支柱底部顶面中心为圆心，绘制圆形平面，如图 20-13 所示。

步骤 11：单击“推/拉”工具按钮 ，移动光标至步骤 10 生成的圆形平面内，按住鼠标左键，向上移动光标，在右下角的“距离”文本框中输入“2000”，然后按【Enter】键，同时松开左键，完成图 20-14 所示的支柱柱体绘制。

步骤 12：单击“选择”工具按钮 ，选择支柱底部，单击“编辑”→“移动”工具按钮 ，同时按住【Ctrl】键，将支柱底部模型向上复制，如图 20-15 所示。

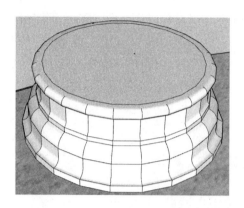

图 20-13　绘制圆形平面 2

图 20-14　绘制支柱

步骤 13：单击"选择"工具按钮，选择步骤 12 移动复制完成的支柱底部，右击，在弹出的快捷菜单中选择"镜像物体"命令，将支柱底部通过镜像调整方向，完成图 20-16 所示的支柱绘制。

步骤 14：单击"选择"工具按钮，选择支柱，打开"编辑"主菜单，在弹出的子菜单中选择"创建群组"命令，将制作完成的支柱模型创建为群组，如图 20-17 所示。

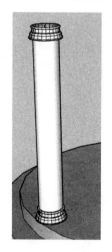

图 20-15　移动复制

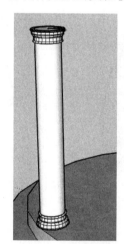

图 20-16　镜像调整方向

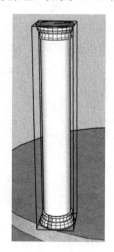

图 20-17　创建群组

步骤 15：单击"选择"工具按钮，选择支柱，单击"编辑"→"旋转"工具按钮，同时按住【Ctrl】键，出现量角器按钮时，选择台阶顶面中心为旋转中心，选择支柱底面的端点为旋转复制起点，在右下角的"角度"文本框中输入"45"，然后按【Enter】键，再次在右下角的"角度"文本框中输入"*7"，绘制完成图 20-18 所示的多重旋转复制。

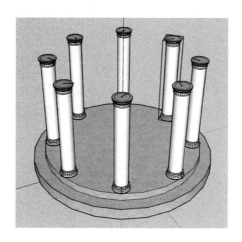

图 20-18　旋转复制支柱

步骤 16：单击"形状/矩形"工具按钮▣，移动光标至支柱顶面圆的端点处，按住鼠标左键，向左上方移动光标，在右下角的"尺寸"文本框中输入"620，650"，然后按【Enter】键，同时松开左键，绘制完成矩形平面并将其作为绘图平面。使用"直线"工具✏和"圆弧"工具⊘，绘制角线的细节截面，如图 20-19 所示。

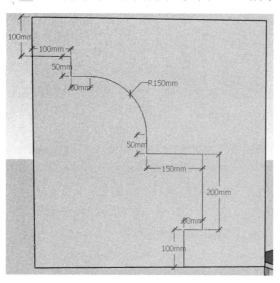

图 20-19　绘制角线截面

步骤 17：单击"直线"工具按钮✏，捕捉底座中心向上绘制一条长为 2034 的直线，单击"形状/圆"工具按钮◉，以直线端点为圆心，绘制圆形平面，如图 20-20 所示。

步骤 18：单击"编辑"工具栏的"路径跟随"工具按钮🗘，选择角线截面作为要挤压的平面，然后沿着步骤 17 生成的圆形平面圆周移动光标，同时按住【Alt】键，将圆作为路径，生成角线，如图 20-21 所示。

20

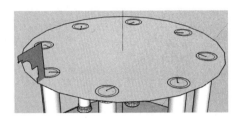

图 20-20 绘制圆形平面 3

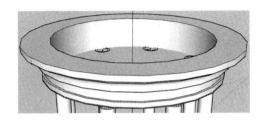

图 20-21 生成角线

步骤 19：单击"直线"工具按钮 ✏，在步骤 17 绘制的圆形平面中心向上绘制一条长为 650 的直线，然后单击"形状/圆"工具按钮 ⊙，以直线端点为圆心，绘制圆形平面，如图 20-22 所示。

步骤 20：使用"直线"工具 ✏ 和"圆弧"工具 ⌒，绘制凉亭顶部的截面，单击"形状/圆"工具按钮 ⊙，以直线端点为圆心，捕捉圆弧端点，绘制凉亭顶部的截面，如图 20-23 所示。

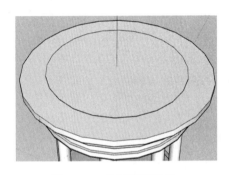

图 20-22 绘制圆形平面 4

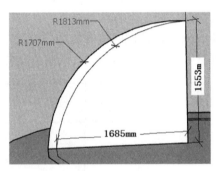

图 20-23 绘制顶部截面

步骤 21：单击"编辑"工具栏的"路径跟随"工具按钮 ☯，选择半径为 1813 的圆弧平面作为要挤压的平面，然后沿着步骤 20 生成的圆形平面圆周移动光标，同时按住【Alt】键，将圆作为路径，生成弧形亭顶，如图 20-24 所示。

步骤 22：单击"推/拉"工具按钮 ◆，向两边推拉弧形平面，各输入距离为 75，生成弧形装饰线条，完成效果如图 20-25 所示。

图 20-24 绘制弧形亭顶

图 20-25 弧形装饰线条效果图

　　步骤 23：单击"选择"工具按钮 ，选择弧形装饰线条，单击"编辑"→"旋转"工具按钮 ，同时按住【Ctrl】键，选择弧形顶面中心作为旋转中心，选择弧形装饰线条的端点为旋转复制起点，在右下角的"角度"文本框中输入"60"，然后按【Enter】键，再次在右下角的"角度"文本框中输入"*2"，绘制完成图 20-26 所示的多重旋转复制。

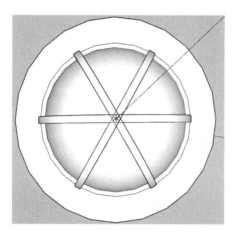

图 20-26　旋转复制弧形装饰线条

　　步骤 24：使用"直线"工具 和"圆弧"工具 ，绘制凉亭顶部装饰构件的截面，如图 5-27 所示。单击"形状/圆"工具按钮 ，以弧形顶面中心为圆心，绘制圆形平面。单击"编辑"→"路径跟随"工具按钮 ，选择装饰构件的截面作为要挤压的平面，然后沿着圆形平面圆周移动光标，同时按住【Alt】键，将圆作为路径，生成凉亭顶部装饰构件，如图 20-28 所示。

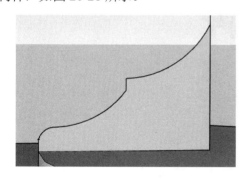

图 20-27　绘制装饰构件截面

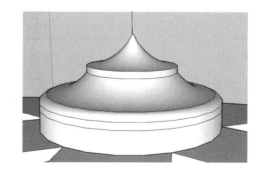

图 20-28　绘制顶部装饰构件

　　步骤 25：单击"材质"工具按钮 ，在右侧弹出的"材料"属性管理面板中，给凉亭赋予一些材质。打开"视图"主菜单，在下拉的子菜单中把"剖面切割""坐标轴""参考线"三个复选框的勾选去掉，勾选"阴影"复选框，最终效果如图 20-29 所示。

　　步骤 26：将创建的 SketchUp 造型文件转换为 .stl 格式的文件。在切片软件中，打开

20

已转换的.stl 文件，设置坐标位置、打印比例、喷嘴温度、分层间距、支架选项等参数，生成打印代码。

图 20-29　欧式凉亭完成效果图

步骤 27：将打印代码传输到打印机上，调整打印机的初始状态，装料，预热，开始打印。

步骤 28：去除支架，将打印好的产品取下，进行后期处理，完成打磨等操作，保证产品表面质量。3D 打印出的效果如图 20-30 所示。

图 20-30　欧式凉亭 3D 打印效果

 习题演练场

根据图 20-31 所示的凉亭模型，自行设计完成凉亭绘制，尺寸自定，并用 3D 打印机打印出来。

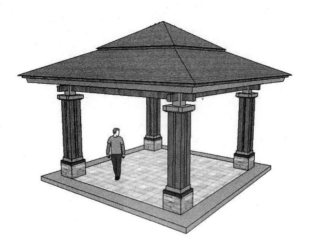

图 20-31　凉亭模型

参 考 文 献

麓山文化，2015．SketchUp 2015 实战精通 208 例[M]．北京：机械工业出版社．

刘有良，陈志民，2011．SketchUp 8 从入门到精通[M]．北京：机械工业出版社．

邱婷婷，2013．SketchUp 8 中文版草图大师建模设计技巧[M]．北京：电子工业出版社．

王姬，吕斌，2008．CAD/CAM 建模与实训[M]．北京：高等教育出版社．

王姬，2017．人人都是建筑工程师——SketchUp 草图大师从入门到精通[M]．北京：科学出版社．

王姬，2017．人人都是设计工程师——CAXA 实体设计从入门到精通[M]．北京：科学出版社．

杨伟群，2015．3D 设计与 3D 打印[M]．北京：清华大学出版社．

中国机械工程学会，2013．3D 打印未来[M]．北京：中国科学技术出版社．

Mike Rigsby，2016．3D 打印趣味入门指南[M]．北京：人民邮电出版社．